Pinch

of

Nom

맛있게 한입, 냠·냠·냠!

핀치 오브 넘

케이트 앨린슨 • 케이 페더스톤 지음 | 김진희 옮김 | 유민주 감수

누구나 쉽게 만들 수 있는
100가지 홈스타일 레시피

북레시피

차 례

Pinch OF Nom

'핀치 오브 넘'[1]은 몇 년 전 식탁에서 차를 마시던 중 시작됐다.
10년 동안 레스토랑 세계에 몸담았던 우리 두 사람은 우리만의 레시피를 나눌 장소를
갖고 싶었다. 이제 우리는 손쉬운 조리법에 맛있는 슬리밍 푸드[2]를 즐기기 위해
이 웹사이트를 방문하는 150만 명 이상의 커뮤니티를 보유하고 있다.
우리는 이곳에서 함께하는 매 순간을 사랑한다!

엄청난 스트레스를 받으며 식당 주방에서 기나긴 교대 근무를 할 때였다. 우리는
건강에 나쁜 음식을 아무 생각 없이 덥석 집어 먹곤 했다. 결국 살을 빼지 않고는
못 배길 지경에 이른 우리 두 사람은 동네 체중 감량 센터에 가입하기로 했다. 하지
만 그곳에서 우리는 쉽고 맛있는 요리를 만드는 레시피에 대한 아이디어가 참으로
부족하다는 사실을 확인했다. 온라인상에서도 사정은 마찬가지였다. 맛과 다양성
이 배제된 그저 비싸기만 한 '저칼로리' 즉석식품에 얼마나 많은 사람이 목을 매고
있던지 그저 놀라울 따름이었다.

그러던 어느 날, 주방에 들어간 케이트가 '치즈케이크로 속을 채운 딸기'를 만들어
나왔다. 맛도 맛이려니와 만들어서 가지고 다니기도 쉬운 이 요리는 체중 감량 센
터에서 엄청난 히트를 쳤다. 크게 각광을 받을 만한 몇 가지 레시피에 대해 친구들
과 좀 더 이야기를 나눈 뒤 우리는 반짝이는 아이디어 하나를 생각해냈다. '우리가
만든 레시피를 웹사이트에 올려 다른 사람들과 공유해보면 어떨까?' 그렇게 누구
나 즐길 수 있는 손쉽고, 건강하고, 맛있는 요리를 만드는 일을 시작하게 되었다.

그때부터 엄청난 사람들이 우리 웹사이트를 방문하기 시작했고 그런 상황에 놀란
우리는 입을 다물지 못할 지경이었다. 우리 웹사이트가 6개월 만에 무려 월 6만 명
이상의 방문자를 끌어들이고 있었던 것이다. 작은 아이디어 하나가 상상 이상의
결과를 가져왔다.

[1] '핀치 오브 넘'은 음식을 한 꼬집(Pinch) 냠냠(Nom) 먹는 것을 말한다
[2] 칼로리를 낮추면서도 맛과 포만감을 살려 다이어트에 도움을 주는 음식

> ## 66
>
> ### '핀치 오브 넘'은
> ### 우리의 상상을
> ### 훨씬 뛰어넘었다
>
> ## 99

온라인 커뮤니티가 만들어진 후 사람들은 살을 빼는 데 커다란 관심을 갖게 되었고, '핀치 오브 넘'의 페이스북 그룹은 누구도 예상 못한 속도로 빠르게 성장했다. 그룹의 성장과 더불어 분명해진 사실 하나는, 아직 목표 체중에 도달하지 못한 상태로 소위 '체중 감량이라는 열차'에 뛰어올랐다 내리기를 되풀이하는 많은 사람이 이른바 다이어트 기업들로부터 외면당하는 느낌을 갖는다는 것이었다. 곧 또 다른 사람들이 기꺼이 우리와 뜻을 같이해 '핀치 오브 넘' 팀이 꾸려졌고, 우리처럼 아직 살을 빼기 위해 노력하고 있는 사람들이, 이미 (다이어트에 성공해) 목적지에 도달한 사람들과 마찬가지로 동등하게 존중받을 수 있는 커뮤니티를 만들기 시작했다.

이 책의 목표는 다이어트 음식 고유의 무미건조한 맛이 아니라 맛있고 담백한 맛을 내는 조리법을 알려주는 것이다. 설령 이 체중 감량 열차에서 미끄러져 떨어져 나간다 해도 얼마든지 다시 올라탈 수 있다는 사실을 알려주고 싶다! 마찬가지로 한동안 이 책을 덮어놓는다고 해도, 언제든지 바로 쉽게 적용할 수 있을 것이다.

이제 '핀치 오브 넘'은 운영 면이나 커뮤니티의 규모에 있어 우리 두 사람이 꾸려갈 때보다 훨씬 더 거대해졌다. 많은 사람들의 지지와 사랑에 힘입어 이 커뮤니티가 매일같이 빠른 속도로 성장하고 있는 데 대해 매번 가슴이 벅차오른다.

이 책은 '핀치 오브 넘' 페이스북 그룹의 모든 회원, '핀치 오브 넘' 웹사이트의 모든 방문자 그리고 '핀치 오브 넘'에 기여한 모든 사람(팀원들, 자원해서 참여한 사람들, 시식단 그리고 웹사이트에 올릴 레시피와 콘텐츠 향상을 위해 건설적 비판을 제공해준 비평가들)의 노고 없이는 결코 탄생하지 못했을 것이다.

『핀치 오브 넘』은 바로 독자를 위해 만든 책이다. 우리가 기쁜 마음으로 하나하나 조리법을 모아 이 책을 펴낸 것처럼 독자 여러분도 여기 실린 레시피들로 요리하는 기쁨을 얻어갈 수 있기 바란다.

케이트 앨린슨 & 케이 페더스톤

Healthy RECIPES

that we all want to EAT

모두가 원하는 건강한 레시피

맛 있 게 한 입, 냠 냠 냠 냠 냠 냠 냠!

레시피 개요

맛과 건강을 모두 담아낸 다이어트 요리

정통 방식으로 훈련받은 셰프인 케이트는 항상 레시피와 음식을 살펴본 후에 개선 방안이나 재구성 방안을 연구한다. 그렇게 우리는 서로 좋아하는 요리를 건강도 챙기면서 입맛을 돋우는 요리로 재탄생시키기 위해 머리를 맞대었다. 여기서는 칼로리가 높은 테이크아웃 전문점 요리를 칼로리는 줄이되 더 맛있는 요리, 말하자면 '페이크어웨이fakeaways'[1]로 둔갑시키는 레시피도 소개한다.

몇 가지 주재료를 바꾸는 것만으로도 음식의 칼로리나 지방, 설탕 성분에 엄청난 영향을 미치며 맛도 훨씬 좋아질 수 있다. 무엇보다 향신료와 양념을 가미한다면 더더욱 영리한 레시피가 될 수 있다.

22가지 역대급 인기 요리와 80가지 최신 레시피

우리는 웹사이트에서 가장 인기 있는 22가지 레시피를 이 책에 담았다. 이들은 '핀치 오브 넘'의 가치를 증명할 만한 가장 대표적인 조리법들이다. 나머지 80가지 레시피 또한 독자들이 틀림없이 반길 것이라 믿는 최신 조리법들이다.

빨리 만들 수 있는 간단한 음식

책에 소개된 대부분의 레시피는 30분 이내로 뚝딱 요리할 수 있는 조리법들이다. 누구나 손쉽게 요리할 수 있는 레시피를 개발하는 것이 '핀치 오브 넘'의 목표이기에 우리는 쉽게 구할 수 있을 뿐만 아니라 비용 절감 차원에서도 다양한 요리에 사용 가능한 재료를 선택했다. 너무나도 많은 셰프들이 간과하고 있는 사실 한 가지! 누구나 집에 (셰프가 추천하는 레시피에 사용될) 흰 송로 버섯[2]을 항상 구비해두고 있지는 않다는 것이다. 반면 우리는 요리에 새로운 풍미를 가미하고자 할 때만 특별한 재료들을 썼고, 이 재료들이 더는 찬장 뒤에서 먼지투성이 신세가 되지 않도록 여러 요리에 사용하려고 노력했다.

'핀치 오브 넘'이 직접 개발하고 검증한 요리!

'핀치 오브 넘'을 시작할 때부터 항상 믿을 만한 레시피를 만들기로 마음먹었다. 검증되지 않은 수많은 다이어트 레시피나 스톡 사진[3]이 넘쳐나는 가운데 '핀치 오브 넘'에 들어가는 조리법만큼은 모두 손수 만들고 검증하며, 사진 역시 어떤 예술적 기교도 부리지 않은, 있는 그대로의 이미지를 담기로 결정했다.

---

[1] 집에서 만들었지만 레스토랑에서 포장해온 듯한 요리
[2] 이탈리아 북부 지방에서 나는 매우 맛있는 식용 버섯
[3] 광고, 디자인, 인쇄 홍보물 등에 들어갈 만한 사진을 사진작가가 미리 작품으로 만들어놓은 뒤 대여료나 판매료를 받고 제공하는 사진

'핀치 오브 넘' 매뉴얼

매일매일 가볍게

'핀치 오브 넘'은 '뭐든 적당한 게 좋다'는 마음가짐을 믿는다. 이를 기반으로 '매일매일 가볍게' 항목에서는 언제든지 간단히 만들어 먹을 수 있는 레시피를 소개한다. 칼로리는 낮은데 포만감을 주어 그야말로 일상에 제격이기 때문이다. 곧 알게 되겠지만 여기에 속한 레시피의 일부는 다른 항목에 속한 레시피들보다 칼로리가 더 높은데, 그 이유는 이 레시피의 일부 채소와 재료가 영국 최고 유명 다이어트 프로그램에서 "제로 포인트 스타일" 재료로 적용됨으로써 이 기준에 따라 해당 칼로리가 모두 소진되기 때문이다.

주간 식도락

여기에 속한 레시피들은 우리의 주간 식단 계획에 포함시켜도 좋으나, 한두 가지의 재료들이 고칼로리에 해당하니 적당히 쓰도록 하자. 바람직한 다이어트의 기본 전제는 다이어트를 위해 저녁 파티나 간혹 누릴 수 있는 특별한 한 끼의 즐거움을 포기할 필요가 없다는 점이다.

특별한 날

달달한 욕구를 채워주기 위한 '특별한 날' 레시피도 마련되어 있다. 여기에 속한 저칼로리 레시피들은 고칼로리로 만든 일반 디저트나 간식 또는 군것질거리들과 비교해도 전혀 뒤지지 않는다. 하지만 이때도 역시 '뭐든 적당한 게 좋다'는 마음가짐만큼은 명심하자. 이 레시피들은 풍성하게 요리하고 싶은 날 그리고…… 벌써 감지했겠지만…… 특별한 날을 위해 아껴두자!

칼로리와 영양

이 책의 칼로리 계산은 모두 1회 제공량으로 산정된다. 여기서 쌀이나 감자같이 특정 레시피에 곁들이는 재료의 칼로리는 포함하지 않는다. 이는 그저 특정 음식이 제공되는 방법에 대한 제안일 뿐이기 때문이다. 독자는 얼마든지 쌀이나 파스타 대신 콜리플라워 같은 저칼로리 대용 채소를 사용할 수 있다.

여기에는 유명 다이어트 프로그램에서 제시하는 '영양 정보'도 담지 않았다. 다이어트의 영양 정보는 항상 변화가 있기 마련인데 우리는 이 책이 항상 최신의 레시피 자료가 되기를 바라기 때문이다.

조리법 표시

V 채식주의자에게 적합하다는 의미

F 냉동에 적합하다는 의미:
모든 냉동식품은 조리할 때 음식을 가열하기에 앞서 완전히 해동할 것을 권한다.

GF 글루텐을 함유하지 않은 식단을 선호하는 이들에게 적합하다는 의미

검증된 맛

지난 몇 달 동안 200명의 '핀치 오브 넘' 팬이 비밀 페이스북 그룹을 결성했다. 각 레시피에 대해 20명이 맛보기를 시행했고, 맛을 본 모두가 레시피 개발을 위한 피드백과 제안사항을 제출했다.

맛에 대한 검증 절차는 책을 펴내는 데 필수 사항이었던 만큼 그 과정에서 소중한 의견을 전해준 회원들에게 큰 감사를 표한다.

주재료

단백질

지방함량이 적은 고기는 단백질의 훌륭한 공급원이며, 필수 영양소와 만족스러운 포만감을 제공한다. 고기를 재료로 한 모든 레시피에서 지방함량이 가장 적은 부위를 쓰고 눈에 띄는 모든 지방은 잘라내어 제거하도록 하자. 생선은 단백질의 또 다른 중요한 공급원이며 자연적으로 지방이 적다. 우리가 가장 좋아하는 문구 중 하나는 '물속에 사는 재료들은 우리를 날씬하게 만든다!'이다. 또한 생선은 우리 몸이 스스로 생산하기 어려운 영양분을 공급해주기 때문에 '핀치 오브 넘'의 일부 초슬림 레시피에 안성맞춤이다. 이 책에 나오는 레시피 가운데 3분의 1은 채소만 쓰고 있지만 육류가 포함된 레시피엔 언제든 식물성 단백질을 대체해도 된다.

저지방 유제품

고지방 유제품을 적절한 대용품으로 대체하면 더 건강한 요리를 만들 수 있다. 우리는 보통 고지방 재료를 저지방 소프트 치즈나 요거트로 대체한다.

통조림

콩, 토마토, 스위트콘과 같은 통조림들을 대량으로 구입하는 문제에 대해 가슴 졸이지 말자! '핀치 오브 넘'에선 스튜와 샐러드에 이 재료들이 많이 들어간다는 사실을 알게 될 것이다. 이 통조림들은 요리의 비용을 낮출 뿐만 아니라 신선한 재료와 비교해도 맛의 차이가 거의 없다.

냉동 채소

마찬가지로 냉동 채소는 요리를 풍성하게 하며, 굳이 신선한 재료를 쓰지 않아도 되는 스튜와 같은 조리법을 위한 아주 저렴한 대안이다.

허브와 향신료

'핀치 오브 넘'은 약간의 향신료를 선호한다! 저지방, 저당, 저칼로리 버전의 요리를 만들기 위해 식재료를 바꿔가면서도 레시피의 흥미로움을 유지하는 가장 좋은 방법 중 하나는 허브와 향신료로 간을 잘 맞추는 것이다. 특히 혼합 향신료는 이 책의 많은 레시피에 잘 어울린다. 향신료를 쓰는 데 주저하지 말자. 모든 향신료가 다 입안을 얼얼하게 하는 건 아니다! 마늘 과립은 신선한 마늘에 비해 편리하고 저렴한 대체 재료이기도 하므로 우리가 만든 여러 가지 레시피에 쓰이고 있다. 가령, 약불에 뭉근히 익히는 요리나 스튜 같은 요리에서 신선한 마늘과 마늘 과립의 차이를 구별하긴 힘들 것이다.

스톡팟[1]과 육수 큐브

'핀치 오브 넘'이 가장 선호하는 재료 중 하나가 스톡팟이다. 이 재료는 즉시 풍미를 더할 뿐 아니라 쓰임새도 매우 다양하다. '핀치 오브 넘'은 이 책 전반에 걸쳐 다양한 풍미의 스톡팟을 쓰는데 모두 서로 바꾸어 사용해도 무방하다. 현대의 가장 천재적인 발명품 중 하나라고 해도 손색없는 것이 바로 레드 와인 스톡팟과 화이트 와인 스톡팟이다! 현재 이 재료들은 대부분 마켓에서 구입할 수 있으며 와인으로부터 유발되는 추가 칼로리 없이도 레시피에 놀라운 풍미를 더할 수 있다(다만 실제 와인 자체에서 칼로리를 제거할 수 있을 때만 그렇다).

식초

맛은 곧 균형에 달려 있다. 보통 요리에서 지방을 제거하다 보면 풍미가 줄어든다. 그래서 대부분은 부족한 풍미에 대처하려고 간을 매콤하게 한다. 하지만 요리에선 신맛의 정도도 매우 중요하다. 가령, 초절임 닭요리 Poulet au Vinaigre(146면 참조) 레시피는 실제로 좋은 식초가 균형 잡힌 요리에 제공하는 풍부하고 깊은 맛을 보여준다.

레몬과 라임

감귤류의 과일은 '튀는' 풍미를 낼 때 안성맞춤이다. 콜드 아시안 누들 샐러드Cold Asian Noodle Salad(116면 참조) 레시피와 같이 요리에 '톡톡 튀는 맛'을 더할 때 제격이다.

토르티야 랩

랩은 정말로 다양하게 쓸 수 있는 재료다. 약간의 섬유질과 포만감을 더하기 위한 통밀과 통곡물로 만든 랩은 항상 좋은 대안이다. 이런 랩을 이용하여 요리에 마술을 불어넣는 게 바로 '핀치 오브 넘'의 특화된 레시피다! 소박한 재료로 상상 이상의 요리를 만들어내는 걸 보면 그저 놀라울 것이다. 랩은 심지어 패스트리 반죽 대신 쓸 수도 있다!

통밀빵

포만감을 주는 주요 재료이자 훌륭한 섬유질의 원천인 통밀빵은 그대로 쓸 수도 있고, 빵가루로 만들어 고기나 참치 스카치 에그Tuna Scotch Eggs(230면 참조)의 튀김옷으로 쓸 수도 있다.

건두류, 쌀, 콩류

콩은 단백질과 섬유질이 풍부하다. 콩 통조림과 건두류는 찬장에 항상 갖춰둬야 할 주재료이다. 쌀도 만족감을 주는 재료로서 향신료나 양념을 곁들여 풍미를 돋우면 여러 레시피에 곁들이기 좋다.

귀리

귀리는 '핀치 오브 넘'의 주재료이다. 훌륭하고 가성비 좋은 이 재료를 당근 케이크 오버나이트 귀리Carrot Cake Overnight Oats(44면 참조) 요리에 써보자. 귀리를 갈아 가루로 만들면 엄청난 포만감을 주는 흰색 밀가루를 대신할 수 있는 재료가 된다.

달걀

단백질이 풍부하고, 맛있고, 다양한 용도로 쓰일 수 있는 달걀은 체중 감량 효과와 더불어 포만감을 주는 재료이다. 달걀은 굵게 으깬 감자Lazy Mash(212면 참조) 같은 요리의 버터 대용품으로 쓰이거나 샥슈카Shakshuka(106면 참조) 같은 요리의 훌륭한 단백질 공급원으로 쓰일 수 있다. '핀치 오브 넘'의 레시피를 활용하고자 한다면 집에 달걀 한 박스 정도는 늘 구비해두자.

저칼로리 스프레이

요리에서 기름과 지방을 줄이는 가장 좋은 방법 중 하나는 저칼로리 스프레이를 쓰는 것이다. 스프레이를 사용해도 대부분의 재료가 익는 데에는 큰 차이가 없고 오히려 프라이팬에 식용유를 붓는 것보다 훨씬 적은 양의 오일이 들어가므로 저칼로리 식단을 유지하는 데 도움을 준다. 저칼로리 쿠킹 스프레이 외에 올리브 오일 스프레이도 쓸 수 있지만 이 경우 많은 양을 뿌리지 않도록 주의하자.

감미료

우리가 만든 레시피 중 일부에는 감미료가 들어간다. 대체로 감미료를 적게 사용하지만, 그보다 더하거나 조금 덜 써도 괜찮다. 그건 전적으로 개인 취향에 따른다. 스테비아[2]나 아가베[3]와 같은 천연 대용품을 쓸 수도 있지만 이 경우 칼로리가 달라질 수 있다는 점을 명심하자.

글루텐 없는 빵

우리는 몇 가지 레시피에 글루텐 없는 치아바타[4]를 쓴다. 글루텐 없는 치아바타는 일반적으로 칼로리가 낮고 섬유 밀도가 높아 식단을 균형 있게 조절하는 완벽한 방법이다. 살짝 구운 후 포장해 보관하거나 상온에서 장기간 따로 보관할 수 있어 요리 계획이 변경되었더라도 나중에 쓸 수 있기 때문에 낭비를 줄이는 데 효과적이다.

[1] 고형 육수의 일종
[2] 남미에서 자라는 스테비아잎에서 추출한 감미료
[3] 사막에서 성장하는 식물인 아가베에서 만든 감미료
[4] 이탈리아의 빵으로, 이스트로 반죽하여 만드는 빵

필수 조리도구

테플론 가공 프라이팬

추천할 만한 조리도구 하나를 꼽으라면 그건 단연 들러붙지 않는 프라이팬 세트다. 코팅 품질이 좋을수록 음식이 프라이팬에 들러붙지 않고 타지 않으며 기름과 지방 사용도 줄어든다. 프라이팬은 세제로 적절히 부드럽게 씻어 코팅의 상태를 최고로 유지하도록 하자.

계량스푼

요리에 반 티스푼만큼 넣어야 할 고춧가루를 한 테이블스푼만큼 넣은 적은 없는가? 계량스푼은 독자가 구비해야 할 주방용품 가운데 가장 유익한 아이템 중 하나다. 특히 방금 말한 것과 같은 실수를 한 적이 있다면 더더욱 그러하다. 계량스푼을 사용한다면 그런 실수는 하지 않을 것이다.

스패츌러[1]

이에 대한 설명이 필요한가? 스패츌러는 필수 조리도구라는 정도만 알아두자⋯⋯ 집에 스패츌러가 없다면 하나 장만하도록 하자! 그것의 쓰임새를 알고 나면 가히 놀랄 것이다. 심지어 베이크웰 타르트 Bakewell Tarts(244면 참조)와 같은, '핀치 오브 넘' 레시피로 맛있게 구운 제과들이 식기도 전에 맛보려 접근하는 (짓궂은) 손들도 막아낼 수도 있다.

푸드 프로세서/ 믹서기/ 스틱 믹서기

우리는 맛에 풍미를 더한 소스를 대체로 처음부터 직접 만든다. 따라서 품질 좋은 믹서기나 푸드 프로세서는 우리에게 있어 하늘이 준 선물이며 필수품이다! 단 좀 더 저렴하거나 사용하기 간편한 것을 원할 경우 스틱 믹서기로 대체해도 무방하다.

미세 강판

미세 강판은 뜻밖에도 대단히 놀라운 기능이 숨겨져 있는데 특히 치즈를 갈 때 표준 강판과 비교해보면 그 차이는 쉽게 믿기지 않을 것이다. 가령 치즈 45g을 갈 경우, 미세 강판을 사용하면 손쉽게 오븐용 접시 하나를 덮을 수 있다. 칼로리를 낮추면서도 치즈를 훨씬 더 넓게 펴 바르기에 매우 용이하다!

칼 연마기

버터넛 스쿼시(땅콩 호박)를 스푼으로 잘게 썰려고 하면 얼마나 힘들까. 그러니 스푼처럼 뭉뚝한 칼들을 항상 날카롭게 잘 갈아두자! 잘 갈아두는 만큼 스푼으로 써는 것 같은 난감한 시간 낭비와 수고가 훨씬 줄어들 것이다.

터퍼웨어와 플라스틱 텁[2]

이 책에 나오는 대부분의 레시피는 냉동이 가능하며, 미리 만들어놓고 일주일 내내 즐길 수 있도록 하는 배치 쿠킹batch cooking에 안성맞춤이다. 다양한 플라스틱 용기가 있으면 계획을 세워 미리 요리하기가 훨씬 쉽다. 조리한 재료를 신선하게 저장하기 위해 냉동실에서도 잘 견딜 수 있는 몇 가지 괜찮은 플라스틱 용기에 투자해보자.

라미킨[3]

한 끼 식사량 조절에 도움이 되는 라미킨은 디저트나 베이크 요리에 항상 제격이다.

오븐용 트레이와 스프링폼 냄비

베이킹 양피지 또는 호일로 오븐용 트레이와 스프링폼 냄비 안을 죽 둘러 좋은 상태를 유지하자. 스프링폼 냄비가 필요한 요리는 치킨 파지타 파이(Chicken Fajita Pie)(74면 참조)가 유일하지만 이 요리야말로 한번 해보면 계속 또 만들고 싶어질 것이다. 믿어도 좋다!

감자 으깨는 기구

감자 으깨는 기구는 다양한 레시피에 쓰이므로 으깬 감자가 필요할 때마다 괜스레 어렵게 힘쓰지 말고 이 기구 하나 정도는 구비해두자.

전기 찜솥/ 압력솥

이 조리도구들은 주로 선택사항에 속하지만 우리가 너무나도 아끼는 도구들이다. 그냥 식재료를 넣어 그대로 조리만 하면 되니 이 얼마나 손쉬운 일인가? 전기 찜솥과 압력솥은 가족 식사 시 내내 옆에서 지켜볼 필요 없이 뚝딱 만들어내는 요리를 할 때 제격이다. 또한 최상의 요리를 만든답시고 괜스레 값비싼 고기에 투자할 생각은 일찌감치 접어두자. 전기 찜솥이나 압력솥을 사용할 경우 값싼 고기로도 얼마든지 더 맛있고 더 부드러운 고기 요리를 만들 수 있기 때문이다. 여기에 풍미도 더하고 돈도 아끼는 건 덤이다! 양고기 귀베치(Lamp Guvech)(153면 참조)를 비롯해 우리의 레시피 중 상당수는 전기 찜솥과 압력솥을 활용했다. 하지만 쿠커가 없는 경우를 대비해 전통적인 방법도 함께 설명해놓았다.

[1] 여러 가지 물질을 들어 올리거나 뒤집거나 펼 때, 또는 볼 안의 재료들을 긁어모으는 데 쓰는 도구
[2] 식품저장용 플라스틱 용기
[3] 세라믹이나 유리로 만든 작은 그릇

언제 어디서든 가볍게!

CHAPTER 1

아침식사

사과와 시나몬 팬케이크
APPLE AND CINNAMAON PANCAKES

🕐 **10분** | 🍲 **10분** | 🔥 **341칼로리** 1회 제공량

고운 밀가루로 갈아낸 귀리의 포만감 덕분에 이 사과 시나몬 팬케이크는 전통 팬케이크보다 훨씬 맛나면서도 칼로리는 훨씬 낮다. 향신료와 과일을 곁들여 준비하면 하루를 시작하는 끼니로 맛있으면서도 배불리 먹을 수 있는 레시피다.

---| 주 간 식 도 락 |---

1인분

- 귀리 40g
- 사과 1개 반(1개는 곱게 갈아둔 것, 반 개는 내놓기용으로 얇게 썰어둔 것)
- 탈지유 50ml
- 곱게 빻아둔 시나몬 파우더(계핏가루) 1/4티스푼
- 굵은 입자의 저칼로리 감미료 1티스푼(여분으로 조금 더 준비)
- 중간 크기 달걀 2개(저어서 풀어준 것)
- 무지방 천연 요거트 2테이블스푼
- 저칼로리 쿠킹 스프레이
- 싱싱한 딸기류(고명용)

푸드 프로세서나 믹서기에 귀리를 넣고 밀가루처럼 곱게 갈아주자. 귀리가루를 볼(우묵한 그릇)에 담고 여기에 우유, 시나몬, 감미료, 달걀, 갈아둔 사과 40g을 넣어 섞은 뒤 한쪽에 놓아둔다.

요거트를 볼에 담고, 나머지 갈아둔 사과와 약간의 감미료를 넣어 골고루 섞어주자.

큰 프라이팬에 저칼로리 쿠킹 스프레이를 뿌리고 중불에 올려놓는다.

팬케이크 반죽을 정확히 4등분하여 뜨거운 프라이팬 위에 올려놓는다. 이때 각 반죽 덩어리가 서로 엉겨 붙지 않도록 주의하자. 반죽의 윗부분이 굳기 시작하고 밑부분이 노릇노릇해질 때까지 1~2분간 프라이팬에 두었다가 조심스럽게 팬케이크를 뒤집은 다음 몇 분간 더 조리하거나 밑부분의 색이 변하면서 팬케이크가 다 익을 때까지 조리한다.

썰어둔 신선한 사과, 블루베리 같은 신선한 딸기류, 갈아둔 사과, 요거트 혼합물을 팬케이크와 함께 내놓는다.

풀 잉글리시 랩
FULL ENGLISH WRAPS

🕐 **10분** | 🗑 **10분** | 🔥 **220칼로리** 1회 제공량

푸짐하면서도 저지방 정통 아침 식사 재료로 채워진 이 에그 랩은 브런치는 물론 늦은 밤 야식에도 혁명을 가져올 것이다! 늦은 밤 특별한 한 끼를 즐긴 것 같은데도 다음 날 아침 아무런 죄책감 없이 눈을 뜰 것이기 때문이다…… 적어도 전날 밤 먹은 음식에 대해 절대 후회는 없으리라!

—————————— 주 간 식 도 락 ——————————

1인분

- 중간 크기 달걀 1개
- 천일염과 갓 빻아둔 후추
- 저칼로리 쿠킹 스프레이
- 버섯 2개(얇게 저며둔 것)
- 베이컨 메달리온* 1장(깍둑썰기한 것)
- 방울토마토 4개를 각각 4등분으로 잘라둔 것(또는 구운 콩 3테이블스푼)
- 저지방 소시지 1개(조리해서 얇게 썰어둔 것)
- 저지방 체더치즈 10g(곱게 갈아둔 것)

달걀을 잘 저어 소금과 후추로 간한 뒤 한쪽에 놓아둔다.

프라이팬에 저칼로리 쿠킹 스프레이를 뿌리고 중불에 올려놓는다. 버섯과 깍둑썰기한 베이컨, 방울토마토를 넣고 몇 분간 조리한다. 베이컨이 익기 전에 미리 조리하여 얇게 썰어둔 소시지와 콩(방울토마토 대신 콩을 쓸 경우)을 넣고 잘 섞어주자. 베이컨이 익으면 프라이팬을 불에서 내린 후 한쪽에 놓아둔다.

테플론 가공 프라이팬에 저칼로리 쿠킹 스프레이를 뿌리고 약불에 올려놓자. 여기에 휘저어 푼 달걀을 붓고 센 불에 올린 후 익을 때까지 조리한다. 에그 랩을 뒤집어 다른 쪽도 익히자. 이 랩은 아주 얇아 조리하는 데 몇 분밖에 걸리지 않을 것이다.

프라이팬에서 랩을 꺼내 접시에 담고, 랩의 반쪽에 미리 만들어둔 속을 펴 바르자. 여기에 치즈를 뿌리고 랩을 동그랗게 말거나 접어 반으로 자른 후 내놓는다.

* 고기나 야채 등의 재료를 메달 크기로 자른 것. 베이컨 메달리온을 구하기 어려울 경우 베이컨 슬라이스를 사용해도 무방하다

베이컨, 감자와 양파 프리타타

BACON, POTATO AND SPRING ONION FRITTATA

🕐 **10분** | 🍲 **10~15분** | 🔥 **249칼로리** 1회 제공량

베이컨, 양파, 감자가 어우러져 정통의 맛을 내는 조합의 스페인식 프리타타 요리는 만들기 쉬운 데다 포만감을 주는 효과에도 만점이다. 감자는 요리를 더 푸짐하게 만들어주며, 달걀의 단백질은 배고픔을 억제하고, 소량의 치즈는 최고의 맛을 더해준다.

매일매일 가볍게

4인분

- 중간 크기 감자 200g(껍질을 벗기고 뭉텅뭉텅 썰어둔 것)
- 천일염과 갓 빻아둔 후추
- 저칼로리 쿠킹 스프레이
- 양파 1개(얇게 썰어둔 것)
- 베이컨 메달리온 6장(깍둑썰기한 것)
- 파 6쪽(손질해서 잘게 다져둔 것)
- 중간 크기 달걀 8개
- 신선한 파슬리 4g(다져둔 것)
- 저지방 체더치즈 40g(곱게 갈아둔 것)

오븐을 섭씨 220도(팬 섭씨 200도/ 가스 마크 7)로 예열하자.

뭉텅뭉텅 썰어둔 감자를 끓는 소금물에 넣고 부드러워질 때까지 조리한 후 물기를 빼고 식힌다.

들러붙지 않는 대형 오븐용 프라이팬에 저칼로리 쿠킹 스프레이를 뿌리고 중불에 올려놓자. 얇게 썰어둔 양파를 넣고 색이 노릇노릇해질 때까지 몇 분 동안 조리한 후 깍둑썰기한 베이컨을 넣어 베이컨이 거의 다 익을 때까지 3분간 조리한다. 여기에 파를 넣고 1분간 더 조리하자.

그러는 동안 볼에 달걀을 넣고 약간의 소금과 후추로 간한다.

양파와 베이컨이 익으면 익은 감자와 잘게 다져둔 파슬리를 넣어 잘 섞어주자. 잘 저은 달걀을 프라이팬에 붓고 2분간 조리한 후, 갈아둔 치즈를 골고루 뿌린 다음 달걀이 익고 치즈가 녹을 때까지 10~15분간 놓아둔다. 치즈를 좀 더 바삭바삭하게 하고 싶다면 오븐이나 전자 그릴에서 조금 더 굽자.

오븐에서 꺼내 내놓는다.

Tip

감자 200g은
껍질을 벗기지 않고
크게 뭉텅뭉텅 썰어
조리해도 된다.

크림 버섯 브루스게타

CREAMY MUSHROOM BRUSCHETTA

🕐 5분 | 🗑 10분 | 🔥 **164칼로리** 1회 제공량

이 요리는 아무리 칭찬해도 지나치지 않다! 가장 빠르면서도 가장 간단한 요리 중 하나인 브루스케타는 느긋한 아침 식사뿐 아니라, 저녁 파티와 모임을 위한 환상적인 선택이다. 이 요리는 믿을 수 없을 정도로 제한된 종류의 재료를 쓰는데도 환상적인 풍미를 자랑한다.

주 간 식 도 락

2인분

- 저칼로리 쿠킹 스프레이
- 갈색 양송이 250g(두껍게 썰어둔 것)
- 마늘 2쪽(곱게 다져둔 것)
- 글루텐 무함유 치아바타 빵 슬라이스 2개
- 저지방 크림치즈 25g
- 신선한 바질 1테이블스푼, 잘게 다진 천일염, 갓 빻아둔 후추
- 신선한 차이브* 1테이블스푼
  (잘게 잘라둔 것)

프라이팬을 중저온 불에 올려놓고 저칼로리 쿠킹 스프레이를 뿌린다. 프라이팬에 버섯을 넣고 부드러워지기 시작할 때까지 몇 분 동안 조리한 후, 마늘을 넣고 버섯이 연해지고 마늘이 부드러워질 때까지 다시 3~4분간 조리한다.

그러는 동안 치아바타를 반으로 자르고 색이 노릇노릇해질 때까지 구운 후 두 접시에 담아낸다.

프라이팬에 크림치즈를 넣고 약불에서 버섯과 잘 섞이도록 저은 후 바질을 넣고 소금과 후추로 간한다.

노릇노릇하게 구운 치아바타 위에 미리 만들어둔 크림 버섯 혼합물을 얹고 차이브를 뿌려 내놓는다.

* 쪽파와 생김새가 비슷해 친숙한 느낌의 허브

브렉퍼스트 머핀
BREAKFAST MUFFINS

🕐 **15분** | 🗑 **20분** | 🔥 **66칼로리** 1회 제공량

핀치 오브 넘의 주요리인 머핀 요리는 점심 식사나 피크닉을 위한 포장 요리로 미리 만들어두기에 안성맞춤일 뿐 아니라 그 기본 조합의 용도 또한 매우 다양하다. 여기서는 아래와 같은 세 가지의 정통 조합을 제시해놓았다. 각 조합은 4개의 머핀을 만들 수 있고 취향에 따라 어떤 채소든 얼마든지 더할 수 있다.

───────────── 매일매일 가볍게 ─────────────

12개분

기본 혼합
· 저칼로리 쿠킹 스프레이
· 중간 크기 달걀 12개
· 천일염과 갓 빻아둔 후추

마늘 버섯 머핀
· 양송이 6개(얇게 썰어둔 것)
· 마늘 2쪽(잘게 다져둔 것)
· 잘게 썬 신선한 파슬리 조금

시금치, 피망과 파프리카 머핀
· 시금치 한 줌(얇게 썰어둔 것)
· 빨간 피망 반 개(얇게 썰어둔 것)
· 훈제 파프리카 가루 1티스푼

브로콜리, 붉은 양파와 후추 머핀
· 익혀둔 브로콜리 한 줌(잘게 썰어둔 것)
· 붉은 양파 반 개(얇게 썰어둔 것)
· 갓 빻아둔 후추

오븐을 섭씨 180도(팬 섭씨 160도/ 가스 마크 4)로 예열한 후 12구용 머핀 틀에 저칼로리 쿠킹 스프레이를 뿌린다.

볼에 달걀과 소금, 후추를 넣어 잘 풀어 저은 후 한쪽에 놓아두자.

마늘 버섯 머핀을 만들려면, 작은 프라이팬에 저칼로리 쿠킹 스프레이를 뿌린 다음 얇게 썰어둔 버섯과 마늘을 넣고 버섯이 부드러워지고 수분이 모두 증발할 때까지 중불에서 4분 동안 조리한다. 버섯과 마늘을 머핀구 4개에 골고루 나누어 넣자.

시금치, 피망과 파프리카 머핀을 만들려면, 머핀구 4개에 잘게 다져둔 시금치를 나누어 넣고 천일염을 조금 뿌린 후 시금치 위에 얇게 썰어둔 빨간 피망을 올려놓는다.

브로콜리, 붉은 양파와 후추 머핀을 만들려면, 익힌 브로콜리와 얇게 썬 붉은 양파를 남은 머핀구 4개에 나누어 넣는다.

각각의 머핀구에 만들어둔 달걀 혼합물을 붓는다. 버섯 머핀 위에는 잘게 썬 파슬리를, 시금치 머핀 위에는 파프리카를, 브로콜리 머핀 위에는 후추를 뿌리자.

머핀을 오븐에서 약 20분간 구운 후 뜨거운 채로 내놓거나 식혀서 내놓는다.

과일을 곁들인 메이플과 베이컨 프렌치토스트

MAPLE AND BACON FRENCH TOAST WITH FRUIT

🕐 5분 | 🗑 10분 | 🔥 **518칼로리** 1회 제공량

프렌치토스트는 주로 높은 칼로리의 브런치 메뉴로 통한다. 그래서 감량식을 함과 동시에 이 요리를 즐길 수 있다고 하면 도통 믿지 않는다. 하지만 약간의 메이플 시럽과 짭조름하면서 지방함량이 적은 베이컨을 조금만 곁들여도 전통 프렌치토스트의 높은 칼로리는 줄이되 맛있고 배부른 아침 요리를 만들 수 있다.

─────────────── ┤ 특 별 한 날 ├ ───────────────

1인분

- 지방이 적은 베이컨 메달리온 4장
- 중간 크기 달걀 2개 (잘 저어둔 것)
- 굵은 입자의 감미료 1티스푼
- 통밀빵 1개 (삼각형 모양의 4조각으로 잘라둔 것)
- 저지방 쿠킹 스프레이
- 블루베리 및 취향에 따른 과일 한 줌
- 메이플 시럽 1테이블스푼

베이컨의 바삭함이 취향에 맞을 때까지 굽거나 튀긴다.

얕은 볼에 달걀과 감미료를 넣고 잘 저어준 다음, 삼각형 모양으로 잘라둔 각 통밀빵 조각을 이 달짝지근한 달걀 혼합물에 담가 적셔준다.

테플론 가공 프라이팬에 저지방 쿠킹 스프레이를 뿌리고 센 불에 올려놓는다. 삼각형 모양의 통밀빵을 프라이팬에 넣고 중불로 낮추자. 색이 노릇노릇해질 때까지 2~3분간 조리한 후 조심스럽게 뒤집은 다음 다시 2~3분간 조리한다. 빵의 양면이 노릇노릇해질 때쯤 프라이팬에서 꺼내 베이컨과 함께 접시에 담는다.

위에 블루베리와 과일을 얹고 메이플 시럽을 뿌린 후 내놓는다.

Made the
HASH
BROWNS

and THEY WERE TRULY

DELICIOUS

해시 브라운을 만들었는데 정말 끝내줬다! 베카

"

풀 잉글리시 랩은	베이컨, 감자와 양파 프리타타를
그야말로 일품이었다!	아침 식사용으로 벌써 두 번이나 만들었다!
데비	데비

해시 브라운

HASH BROWN

🕐 **10분** | 🗑 **40분** | 💧 **77칼로리** 1회 제공량

이 해시 브라운은 튀겨서 조리하는 정통 해시 브라운만큼이나 맛이 일품이다. 하지만 칼로리를 유발하는 오일 대신 저칼로리 쿠킹 스프레이로 튀기기 때문에 칼로리가 훨씬 낮다. 해시 브라운은 아침 감량식에 안성맞춤이다! 여러 묶음으로 미리 준비해놓고 굽기 전 냉동했다가 다른 날 해동하여 조리할 수도 있다.

─────────────────── | **매일매일 가볍게** | ───────────────────

8개분

· 저지방 쿠킹 스프레이
· 굽기 좋게 큼지막한 감자 4개
  (껍질 벗겨둔 것)
· 양파 가루 1티스푼
· 중간 크기 달걀 1개
· 잔탄검* 2티스푼
· 소금 1/2티스푼
· 달걀프라이 (취향에 따른 내놓기용)

오븐을 섭씨 190도(팬 섭씨 170도/ 가스 마크 5)로 예열하고 베이킹 양피지로 베이킹 트레이 안을 잘 감싼 후 그 위에 저칼로리 쿠킹 스프레이를 뿌린다.

큰 볼에 감자를 듬성듬성 갈아 넣은 후 남은 재료를 모두 넣고 손으로 조물조물 섞어준다. (이때 혼합물이 섞일수록 더 단단해지고 끈적끈적해져야 한다.) 감자 혼합물을 8개의 납작한 삼각형 모양으로 만든 후(또는 취향에 따라 둥근 모양으로 만든 후) 여기에 저칼로리 쿠킹 스프레이를 뿌린다. (이때 냉동해둘 수도 있다. 다만 나중에 쉽게 분리되도록 냉동 전 각 덩이 사이에 베이킹 양피지를 끼워 넣자.)

베이킹 트레이에 혼합물을 나란히 올려놓고 오븐에 넣어 25분간 조리한다. 이어 혼합물 덩어리 위쪽에 쿠킹 스프레이를 뿌리고 뒤집은 다음 다른 쪽도 스프레이를 뿌린 뒤 다시 15분간 오븐에 넣어 조리한다.

오븐에서 바로 꺼낸 해시 브라운을 내놓는다. 이때 취향에 따라 달걀프라이를 곁들일 수도 있다. (다만 칼로리 양 따지는 걸 잊지 말자.)

Tip

잔탄검은 기발한 결합제 역할을 하는데 이 재료는 글루텐 프리 대용 식품이라 소비자가 피하고 싶은 특정 성분을 배제한 식품을 파는 마켓이나 수입 식품을 판매하는 인터넷에서 구매할 수 있다.

* 식품의 점착성 및 점도를 증가시키는 식품첨가물

우에보 랩

WRAPS DE HUEVO

🕐 **10분**　|　🍲 **10분**　|　🔥 **234칼로리** 1회 제공량

일단 이 에그 랩을 만들어보면 그동안 이 요리 없이 어떻게 살아왔을까 싶을 만큼 그 맛에 푹 빠질 것이다! 매일 먹는 달걀, 이 달걀을 맛있게 즐길 수 있는 좋은 방법 중 하나인 우에보 랩은 빠르고 손쉽고 간단하게 다양한 내용물을 넣어 만들 수 있다. 아래 레시피는 고단백으로 구성되어 있으며 멕시칸 필링 요리는 식어도 맛이 유지되기 때문에 점심 도시락용으로도 안성맞춤이다.

─────────────────┤ 주 간 식 도 락 ├─────────────────

1인분

· 중간 크기 달걀 1개
· 천일염과 갓 빻아둔 후추
· 핫소스
· 저칼로리 쿠킹 스프레이
· 작은 크기 붉은 양파 반 개(얇게 썰어둔 것)
· 빨간 피망 반 개(얇게 썰어둔 것)
· 마늘 과립 조금
· 혼합 콩 통조림 200g(물기 빼서 헹궈둔 것)
· 저지방 체더치즈 20g(갈아둔 것)
· 잘게 썰어둔 신선한 고수 조금

달걀을 잘 풀어 저어주다가 소금, 후추, 소량의 핫소스로 간한 후 한쪽에 놓아두자.

프라이팬에 저칼로리 쿠킹 스프레이를 뿌리고 중불에 올려놓은 다음 양파, 피망, 마늘 과립, 혼합 콩, 핫소스를 조금 넣은 후 양파와 피망이 살짝 익을 때까지만 4~5분간 조리한다. 프라이팬에 치즈를 넣고 녹을 때까지 저어주다가 불에서 내려 한쪽에 놓아둔다.

테플론 가공 프라이팬에 저칼로리 쿠킹 스프레이를 뿌리고 프라이팬을 센 불에 올려놓자. 프라이팬이 뜨거울 때 잘 저은 달걀 혼합물을 부은 다음 달걀이 표면을 골고루 덮도록 프라이팬을 빙빙 돌린 후 랩의 위 표면이 굳어질 때까지 조리한다. 랩을 뒤집어 반대쪽도 조리하자. 랩은 매우 얇으니 2분만 조리한다.

프라이팬에서 랩을 꺼내 반쪽엔 미리 만들어둔 속을 펴 바른 후 위에 잘게 썰어둔 고수를 뿌린다. 랩을 말거나 접은 후 반으로 잘라 내놓자.

레몬과 블루베리가 들어간 귀리 빵

LEMON AND BLUEBERRY BAKED OATS

🕐 5분 | 🍲 35~40분 | 🔥 **440칼로리** 1회 제공량

구운 귀리는 따뜻하고 포만감을 주는 완벽한 아침 식사다. 풍미 가득한 이 요리는 핀치 오브 넘 웹사이트에서 구운 귀리 조리법 가운데 가장 있기 있는 레시피 중 하나이며 디저트로도 자주 쓰인다. 그만큼 이 요리는 특별하다.

--- 주간 식도락 ---

1인분

- 귀리 40g
- 무지방 천연 요거트 175g
- 바닐라 추출액 1티스푼
- 굵은 입자의 감미료 3/4테이블스푼
- 레몬 갈아낸 껍질, 레몬 반쪽의 즙
- 중간 크기 달걀 2개(또는 약간 더 단단한 식감을 선호할 경우 중간 크기 달걀 1개)
- 블루베리 50g

오븐을 섭씨 200도(팬 섭씨 180도/ 가스 마크 6)로 예열한다.

블루베리의 1/4만 남기고 모든 재료를 볼에 넣은 뒤 내용물이 섞일 때까지 저어주자. 섞인 재료를 자그마한 오븐용 접시에 담고 남은 블루베리를 그 위에 얹는다.

내용물이 위로 지나치게 부풀어 오르지 않도록 오븐용 접시를 베이킹 트레이에 올려놓은 후 35~40분간 조리한다.

오븐에서 꺼내 따뜻한 상태로 내놓자.

Tip

구운 귀리가 남았을 때는 완전히 식은 뒤 냉동 보관이 가능하다. 나중에 먹을 때는 꺼내서 전자레인지에 데우기만 하면 된다.

Nom
NOM
NOM

당근 케이크 오버나이트 귀리
CARROT CAKE OVERNIGHT OATS

🕐 **5분** | 🍲 **요리할 필요 없음** | 🔥 **318칼로리** 1회 제공량

귀리는 포만감을 주어 아침 식사용으로 금상첨화다. 이 간단한 레시피는 전날 밤 만들어놓고 다음 날 아침에 먹을 수 있어 빠르고 손쉬운 하루를 시작하고 싶을 때 제격이다. 하루를 만족스러운 끼니로 시작한다는 건 그만큼 점심 전에 달콤한 간식의 유혹을 덜 느낀다는 뜻이기도 하다. 글루텐 없는 시리얼을 쓸 경우 이 요리를 글루텐 없이 만들 수도 있다.

──────────── │ 주간 식도락 │ ────────────

1인분

- 귀리 40g 또는 위타빅스 시리얼
  (빻아둔 것)
- 바닐라 향 무지방 천연 요거트 175g짜리
  1통 (또는 무지방 천연 요거트 175g, 바닐라
  추출액 1/2티스푼과 굵은 입자의 감미료
  1/2~1티스푼)
- 작은 당근 1개(갈아둔 것)
- 혼합 향신료 1/4티스푼
- 찧어둔 생강 조금
- 빻아둔 시나몬 조금

귀리나 위타빅스 시리얼을 락앤락 같은 유리 용기나 뚜껑이 있는 병에 담고 그 위에 요거트와 당근의 3/4을 숟가락으로 떠서 넣은 다음 맨 위에 향신료를 뿌린다. 내용물이 완전히 섞일 때까지 잘 저어준 후 뚜껑을 덮고 냉장고에서 하룻밤 재워두자.

다음 날 아침 내용물을 잘 저은 후 그 위에 미리 갈아둔 당근을 얹어 즐기자.

CHAPTER 2

집에서 만드는 레스토랑 음식

탄두리 치킨 케밥

TANDOORI CHICKEN KEBAB

🕐 **5분** +양념장에 재워두는 시간 | 🍲 **30분** | 🔥 **236칼로리** 1회 제공량

탄두리 치킨은 전통적으로 닭고기를 요거트와 향신료로 양념한 후 밑바닥에 숯불을 놓는 원통형의 인도 토제 화덕에서 구워낸다. 기존 레시피와 똑같은 효과를 내기 위해 숯불 위에 바비큐 그릴을 얹고 구워보기 바란다. 비가 온다거나 바비큐를 할 수 없는 상황이라면 당연히 오븐을 사용해도 된다! 어느 방법이든 (이 조리법에 들어가는) 양념장은 닭고기를 정말 부드럽고 맛있게 만든다.

매일매일 가볍게

글루텐없는 간장사용

4개분

- 무지방 그릭 요거트* 250g(취향에 따른 내놓기용 여부로 조금 더 준비해둘 것)
- 탄두리 혼합 향신료 4테이블스푼
- 잘 찧어둔 마늘 1쪽
- 잘 찧어둔 생강 뿌리 1테이블스푼
- 레몬 반 개(즙 내둔 것)
- 진간장 1티스푼
- 소금 1/2티스푼
- 적색 식품 색소 한두 방울(취향에 따라)
- 닭다리 살코기 600g(껍질과 눈에 띄는 지방은 제거한 후 큰 덩이로 잘라둔 것)
- 채소 샐러드(내놓기용)

볼에 모든 재료(닭고기 제외)를 넣고 저어주자. 그다음 닭고기를 더해 뚜껑을 닫고 냉장고에 2~4시간 동안 재워둔다.

불을 피워 바비큐 그릴을 준비하거나 오븐을 섭씨 200도(팬 섭씨 180도/ 가스 마크 6도)로 예열한다.

냉장고에서 닭고기를 꺼내 꼬치에 끼운다. (금속이나 대나무 꼬치를 쓸 수도 있지만, 대나무 꼬챙이의 경우 가열시 타지 않도록 먼저 물에 담가두자.)

꼬치를 바비큐 그릴에 놓고 닭이 다 익을 때까지 30~35분간 굽는다. 오븐을 사용할 경우 꼬치에 꽂은 고기를 베이킹 트레이에 올려놓은 다음 속이 다 익을 때까지 35~40분 동안 조리한다.

채소 샐러드 및 취향에 따라 요거트 양을 더해(다만 칼로리 양은 반드시 따져보자) 케밥을 내놓는다.

Tip
조리하기 전에 재워둔 꼬치를 그대로 냉동해둘 수도 있다. 나중에 먹을 때 해동만 하여 조리법대로 하면 끝이다.

* 첨가물을 넣지 않고 원유와 유산균으로만 만든 요거트

치킨 볼티
CHICKEN BALTI

🕐 **15분** +양념장에 재워두는 시간 | 🍲 **30분** | 🔥 **373칼로리** 1회 제공량

먼저 이 풍미 가득한 볼티[1]를 위해 신선한 재료를 쓴다는 건 곧 정통 인도식 테이크아웃 요리의 풍미는 그대로 유지하면서 칼로리는 확실히 관리한다는 의미다. 볼티 반죽용 재료를 더 많이 준비하여 냉동 보관해두자. 그러면 인도식 테이크아웃 요리에 대한 욕구가 솟구칠 때마다 손쉽게 준비할 수 있는 카레 베이스를 갖추게 되는 것이다.

─────── 매일매일 가볍게 ───────

글루텐없는 육수 큐브사용 ↗

4인분

- 닭가슴살 4쪽(껍질과 눈에 띄는 지방은 제거한 후 깍둑썰기해둔 것)
- 시나몬 스틱 1개 또는 빻아둔 시나몬 1티스푼
- 말린 칠리 플레이크(건고추 잘게 부순 것) 1/2티스푼
- 닭고기 육수 150ml(닭고기 육수 큐브 반 개를 150ml 물에 넣고 끓여둔 것)
- 잘게 썬 토마토 통조림 400g짜리 1개
- 닭고기 육수 큐브 1개
- 빨간 피망 1개(씨를 발라 얇게 썰어둔 것)
- 노란 피망 1개(씨를 발라 얇게 썰어둔 것)
- 오렌지색 피망 1개(씨를 발라 얇게 썰어둔 것)
- 천일염(취향에 따라)
- 가람 마살라[2] 1티스푼

볼티 반죽용
- 저칼로리 쿠킹 스프레이
- 큰 양파 2개(듬성듬성 썰어둔 것)
- 생강 뿌리 1cm(껍질을 벗겨 잘게 썰어둔 것)
- 마늘 2쪽(듬성듬성 썰어둔 것)
- 빻아둔 강황[3] 1티스푼
- 말린 칠리 플레이크 1/2티스푼
- 훈제 스위트 파프리카 가루[4] 2테이블스푼
- 빻아둔 커민[5] 2티스푼
- 찧어둔 고수 2티스푼
- 빻아둔 시나몬 1티스푼
- 소금 1티스푼
- 갓 빻아둔 후추 1/2티스푼
- 토마토 퓌레[6] 3테이블스푼

내놓기용(취향에 따라)
- 신선한 고수잎 한 줌(듬성듬성 썰어둔 것)
- 양파 바지 Onion Bhajis(채소튀김 비슷한 남아시아 음식. 204면 참조)
- 지은 밥

[1] 고기나 채소로 만드는 파키스탄 요리
[2] 아시아 남부 지역 요리에 쓰이는 혼합 향신료
[3] 생강과의 여러해살이풀로 강황의 노란색 가루는 카레 요리 등에 쓰임
[4] 파프리카를 건조시켜 훈증 후 파우더 형태로 만듦
[5] 미나릿과의 식물 또는 그 씨앗을 말린 것
[6] 토마토를 으깨어 걸러서 농축한 서양식 조미료

우선 볼티 반죽을 만들어보자. 프라이팬에 저칼로리 쿠킹 스프레이를 뿌린 후 중불에 올려놓는다. 프라이팬에 양파, 생강, 마늘을 넣고 양파가 노릇노릇해질 때까지 3~4분간 볶아준다.

푸드 프로세서나 믹서기에 프라이팬의 위 내용물과 볼티 반죽 재료의 나머지를 넣고, 반죽의 형태가 나올 때까지 갈아준다. 재료를 볼에 옮겨 담은 후 냉장고에 넣어 차게 하거나 ― 볼티 반죽을 한참 앞서 준비하고 있는 경우라면 ― 얼음 트레이에 담아 냉동하자.

닭고기를 냉동용 지퍼백이나 볼에 담고 여기에 4테이블스푼의 반죽을 넣어 잘 섞은 후 냉장고에 1시간 정도 재워둔다.

큰 프라이팬에 저칼로리 쿠킹 스프레이를 뿌리고 중불에 올려놓는다. 시나몬과 칠리 플레이크를 넣고 2분간 조리한 후 프라이팬에 더 많은 쿠킹 스프레이를 뿌린 다음 볼티 반죽 4테이블스푼을 넣고 다시 2분간 조리한다. 육수, 토마토 통조림, 육수 큐브를 넣고 잘 저어 끓인 후 중불로 낮추고, 양념한 닭고기와 얇게 썰어둔 피망을 넣어 15분간 조리한다.

카레를 간본 후 취향에 따라 소금을 더 넣고 닭고기가 다 익었는지 확인한다. 가람 마살라를 저어주면서 다시 3분간 조리한 후 취향에 따라 고수를 얹어 내놓자.

치킨과 버섯 볶음

CHICKEN AND MUSHROOM STIR FRY

🕐 **10분** | 🍲 **20분** | 🔥 **274칼로리** 1회 제공량

우리가 받는 가장 흔한 요청 중 하나는 빠르고 간단한, 집에서 만들어 먹을 수 있는 레스토랑 음식 레시피에 대한 것이다. 중국식 레스토랑 요리인 치킨과 버섯 볶음은 '핀치 오브 넘'의 클래식 메뉴다. 신선한 재료 그리고 콩과 굴 소스의 진정한 풍미를 맛보는 날엔 다시는 테이크아웃 전문점을 찾지 않을 것이다.

───────── 매일매일 가볍게 ─────────

2인분

- 저칼로리 쿠킹 스프레이
- 양파 1개(얇게 썰어둔 것)
- 닭가슴살 2쪽(껍질과 눈에 띄는 지방은 제거한 후 깍둑썰기해둔 것)
- 빨간 피망 1개(씨를 발라 얇게 썰어둔 것)
- 초록 피망 1개(씨를 발라 얇게 썰어둔 것)
- 브로콜리 꽃 부분 한 줌
- 마늘 한 쪽(찧어둔 것)
- 잘게 다져둔 생강 뿌리 1/2티스푼
- 파 6쪽(손질해서 잘게 다져둔 것)
- 베이비콘[1] 한 줌(듬성듬성 썰어둔 것)
- 양송이버섯 200g(얇게 썰어둔 것)
- 간장 4테이블스푼
- 굴 소스 2테이블스푼
- 쌀 식초 2테이블스푼(또는 화이트 와인 식초와 약간의 감미료)
- 갓 갈아둔 후추 1/4티스푼
- 소고기 육수 250ml(소고기 육수 큐브 1개를 250ml 물에 넣고 끓여둔 것)
- 지은 밥이나 삶은 국수(내놓기용)

워[2]이나 큰 프라이팬에 저칼로리 쿠킹 스프레이를 뿌린 후 중불에 올려놓는다.

양파, 닭고기, 피망, 브로콜리, 마늘, 생강을 넣고 양파와 피망이 익을 때까지 3분간 볶아준다. 여기에 파, 베이비콘, 버섯을 넣고 약간 색이 변할 때까지 3분간 볶다가 간장, 굴 소스, 쌀 식초와 후추를 넣는다.

육수에 붓고 잘 저어주다가 불을 높인다. 소스가 줄어들며 약간 걸쭉해질 때까지 끓인 뒤 닭고기가 다 익었는지 확인하고 밥이나 국수와 함께 내놓자.

---

[1] 알갱이가 영글지 않은 어린 옥수수
[2] 적은 양의 기름으로 음식을 빠르게 조리하는 데 사용하는 우묵하게 큰 중국 냄비

치킨 사테이
CHICKEN SATAY

🕐 **20분** | 🍲 **30분** | 🔥 **293칼로리** 1회 제공량

재료가 많이 들어가는 이 레시피는 약간 부담스러워 보일 순 있지만 약속하건대 노력을 들인 만큼의 가치가 충분할 것이다. 우선 재료가 이미 누구나 부엌 찬장에 지니고 있을 법한, 쉽게 부패하지 않는 재료다. 진한 땅콩 소스는 말린 땅콩가루를 사용함으로써 일반 땅콩버터의 지방을 제거하면서도 똑같은 풍미를 낸다.

───────── | 주 간 식 도 락 | ─────────

글루텐없는간장사용

F **GF**

6인분

- 양파 반 개(얇게 썰어둔 것)
- 닭가슴살 4쪽(껍질과 눈에 띄는 지방은 제거한 후 깍둑썰기해둔 것)
- 중간 크기 당근 2개 (곱게 다져둔 것)
- 브로콜리 꽃 부분 한 줌
- 깍지완두[1] 100g
- 빨간 피망 1개(씨를 발라 얇게 썰어둔 것)
- 노란 피망 1개(씨를 발라 얇게 썰어둔 것)
- 파 4쪽(손질해서 잘게 다져둔 것)
- 국간장 1테이블스푼
- 지은 밥(내놓기용)

소스용

- 저칼로리 쿠킹 스프레이
- 양파 반 개(곱게 다져둔 것)
- 마늘 3쪽(곱게 다져둔 것)
- 엄지손가락만 한 크기의 생강 뿌리(껍질을 벗겨 잘게 썰어둔 것)
- 홍고추 1개(잘게 썰어둔 것. 매운 것을 좋아하면 씨는 남겨둘 것)
- 빻아둔 커민 1/4티스푼
- 찧어둔 고수 1/2티스푼
- 빻아둔 강황 1테이블스푼
- 국간장 3테이블스푼
- 피쉬 소스[2] 또는 우스터소스[3] 1테이블스푼
- 굵은 입자의 감미료 3테이블스푼
- 코코넛 밀크 600ml (장기보존용)
- 저지방 땅콩가루 4테이블스푼
- 천일염 조금
- 옥수수 분말 2테이블스푼

소스를 만들기 위해서는 프라이팬에 저칼로리 쿠킹 스프레이를 뿌리고 중불에 올려놓은 후 양파, 마늘, 생강, 고추를 넣고 양파가 부드러워질 때까지 4~5분간 볶아준다. 천연 향신료를 넣고 1분 동안 저어준 뒤 옥수수 분말을 제외한 다른 모든 소스 재료를 넣자. 10분 동안 중불에서 끓인 후 끓인 내용물을 스틱 믹서기로 갈아준다. (또는 믹서기나 푸드 프로세서로 내용물이 덩어리 없이 고루 섞일 때까지 갈아준 후 소스를 다시 프라이팬에 옮기자.)

불을 세게 올리고 끓는 소스에 옥수수 분말과 소량의 물을 섞은 혼합물을 넣어 반죽이 걸쭉해질 때까지 저어준다.

치킨 사테이를 만들기 위해서는 웍에 저칼로리 쿠킹 스프레이를 뿌리고 센 불에 올려놓은 후, 양파와 닭가슴살을 넣고 양파가 부드러워질 때까지 5분간 볶아준다. 여기에 채소와 간장을 넣고 몇 분간 볶아준 후 소스를 넣자.

10분간 약한 불에 끓이면서 닭고기가 잘 익었는지 확인한 후 밥과 함께 내놓는다.

---

[1] 아주 작은 완두콩같이 생긴 것으로 껍질째 조리해 먹음

[2] 생선을 소금에 절여 발효시켜 만든 소스

[3] 양파, 마늘, 사과 따위에 조미료, 향신료를 넣어 익혀서 오래 저장할 수 있는 소스

필리 치즈 스테이크

PHILLY CHEESESTEAK

🕐 **5분** | 🍲 **10분** | 🔥 **375칼로리** 1회 제공량

근사한 필리 치즈 스테이크는 쉽사리 잊히지 않는 인기 요리라 우리는 이 정통 요리를 재탄생시키기로 결정했다. 글루텐이 없는 치아바타를 쓰고 기본 소스를 영리하게 변형하여 만들면 과중한 칼로리 부담에서 벗어날 수 있다. 혹시 이 경우 요리가 잘 안 나올까 봐 겁먹을 필요 따윈 없다. 이렇게 조리를 해도 여전히 우리의 모든 욕구를 채워주는 동시에 맛도 있으면서 배부르게 먹을 수 있는 필리 치즈 스테이크를 만들 수 있다!

───────────┤ 주 간 식 도 락 ├───────────

2인분

- 스테이크 150g(눈에 띄는 모든 지방은 제거하고, 아주 얇게 썰어둔 것)
- 천일염과 갓 빻아둔 후추
- 저칼로리 쿠킹 스프레이
- 버섯 4개(얇게 썰어둔 것)
- 양파 반 개(얇게 썰어둔 것)
- 피망 반 개(녹색 또는 빨간색 또는 노란색 피망의 씨를 발라 얇게 썰어둔 것)
- 저지방 스프레드(발라 먹을 수 있는) 치즈 75g
- 글루텐 없는 치아바타 롤 2개 (길게 잘라둔 것)

스테이크를 소금과 후추로 간한 후 1분 동안 한쪽에 놓아두자.

테플론 가공 프라이팬에 저칼로리 쿠킹 스프레이를 뿌리고 센 불에 올려놓은 후 스테이크 조각을 넣고 3~4분 또는 다 익을 때까지 조리한다. 스테이크를 프라이팬에서 꺼내 볼에 옮겨 담는다.

프라이팬에 저칼로리 쿠킹 스프레이를 조금 더 뿌린 다음 버섯, 양파, 피망을 넣고 부드러워질 때까지 3~4분간 조리한 후 불에서 내린다.

스테이크를 볼에 담아 저지방 스프레드 치즈와 잘 섞은 후, 다시 채소와 함께 프라이팬에 넣어 잘 저어준다.

2개의 치아바타 롤을 각각 반으로 갈라 한쪽에 같은 양의 스테이크 혼합물을 채워 넣고, 다시 각 롤의 윗부분을 덮은 후 내놓는다.

초간단 치킨 커리
SUPER SIMPLE CHICKEN CURRY

🕐 5분 | 🗑 30분 | 🔥 181칼로리 1회 제공량

이따금 근사한 인도 요리를 먹고 싶어 제 정신이 아닐 때가 있다. 그럴 때 한 번쯤 우리 손으로 직접 카레 반죽과 혼합 향신료를 만들어볼 기회를 엿보지만 사실 우리에게 필요한 건 그저 몇 분 만에 만들어낼 수 있는 손쉬운 카레 레시피다. 여기 소개하는 초간단 치킨 커리가 바로 그중 하나다. 맛도 정말 끝내주지만 쉽게 만들 수 있어 평상시 언제든 해먹을 수 있는 저녁 요리가 되어줄 것이다.

─────────── | 매일매일 가볍게 | ───────────

4인분

· 저칼로리 쿠킹 스프레이
· 큰 양파 1개(얇게 썰어둔 것)
· 닭가슴살 450g(껍질과 눈에 띄는 지방은
  제거한 후 깍둑썰기해둔 것)
· 마늘 3쪽(찧어둔 것)
· 물 400ml
· 카레 가루 3테이블스푼
· 빻아둔 강황 1테이블스푼
· 토마토 퓌레 1테이블스푼
· 천일염과 갓 빻아둔 후추

내놓기용(취향에 따라)
· 사모사Samosas(224면 참조)
· 밥

큰 프라이팬에 저칼로리 쿠킹 스프레이를 뿌린 후 중불에 올려놓는다. 양파를 넣고 양파가 약간 부드러워질 때까지 2분간 조리한 다음 깍둑썰기해둔 닭고기를 프라이팬에 넣어 노릇노릇해질 때까지 5분간 조리한다.

프라이팬에 마늘을 넣고 1분간 조리한 후 다른 모든 재료를 넣는다. 이때 물의 양은 닭고기를 거의 덮을 정도여야 하며, 프라이팬의 크기에 따라 다소 달라질 수 있다.

20분 동안 뭉근히 끓도록 놔두자.

불을 세게 하여 다시 5분 동안 카레를 끓인다. 이때 카레가 바닥에 들러붙지 않도록 자주 저어주면 소스의 양이 줄어들면서 걸쭉해질 것이다.

취향에 따라 곁들여도 좋은 것과 함께 카레를 내놓는다.

Tip
이 카레 레시피는 지방함량이 적은 양고기(눈에 띄는 지방을 제거해둔 것)와도 찰떡궁합이다.

생선 타코
SOFT FISH TACOS

🕐 5분 │ 🍲 10분 │ 🔥 **190칼로리** 1회 제공량

담백하고 깔끔한 이 레시피는 흰살생선을 섬세하게 다루면서도 고추와 파를 곁들여 놀랍도록 신선한 풍미를 제공한다. 이 레시피를 활용한 타코는 어느 상황에서라도 적절한 요리로, 혼자 직접 본인의 타코를 만들어 먹고 싶어 하는 아이들과 저녁 끼니를 뚝딱 준비하고 싶어 하는 어른들에게 제격이다.

───────────── 매일매일 가볍게 ─────────────

글루텐없노랩사용 ↗

2인분

- 흰살생선 작은 살코기 2조각(약 280g), 가급적 껍질을 벗기지 않고 약 3cm 크기로 썰어둔 것.
- 순한 고춧가루 1/4티스푼
- 마늘 과립 1/4티스푼
- 찧어둔 고수 1/4티스푼
- 저칼로리 쿠킹 스프레이
- 소금 한 꼬집
- 물냉이나 루콜라 조금
- 신선한 고수 조금
- 파 1쪽(손질해서 잘게 다져둔 것)
- 저칼로리 토르티야 랩 2개(2등분 또는 작게 4등분해둔 것)
- 라임 한 조각
- 무지방 그릭 요거트 4티스푼(취향에 따른 내놓기용으로 여분을 준비해둘 것)
- 말린 칠리 플레이크 한 꼬집

도마에 생선 조각(8조각 정도 나옴)의 껍질이 위로 가도록 놓고 고춧가루, 마늘 과립, 찧어둔 고수를 뿌린다.

프라이팬에 저칼로리 쿠킹 스프레이를 뿌린 후 센 불에 올려놓자. 프라이팬에 생선을 껍질이 아래로 가도록 놓고 4분간 조리한다. 껍질을 바삭바삭하게 굽고 싶다면 생선을 뒤집거나 이리저리 뒤적거리고 싶은 유혹이 들어도 참자!

이제 생선에 저칼로리 쿠킹 스프레이를 뿌리고 뒤집은 다음 그 위로 소금을 뿌리고 2분간 조리한다.

그러는 동안 취향에 따라 준비해둔 물냉이나 루콜라, 신선한 고수, 잘게 썬 파를 2등분해놓은 두 토르티야 랩에 각각 얹자.

생선이 익으면 준비해둔 두 랩에 두 조각씩 얹는다. 그 위에 라임즙을 조금 뿌리고 무지방 요거트 한 덩이를 담은 후 각 타코에 약간의 칠리 플레이크를 뿌린 다음 내놓자.

Tip
이 요리를 최고로 맛깔나게 하는 비법은 생선의 껍질을 그대로 두는 것이다. 이렇게 하면 정말 바삭바삭하고 놀라운 식감이 살아난다.

채소 비리야니
VEGETABLE BIRYANI

🕐 15분 | 🍲 10분 | 🔥 302칼로리 1회 제공량

향신료와 풍미로 가득한 비리야니[1]는 정말로 강력한 맛 한 방을 선사하는 구운 쌀 요리다. 근사한 여러 가지 채소로 완성되는 이 요리는 풍미가 듬뿍 담긴 건강한 한 끼 식사로 안성맞춤이다. 게다가 달걀은 단백질과 더불어 요리에 식감의 깊이를 더해준다.

─────────────── 매일매일 가볍게 ───────────────

글루텐없는 육수 큐브사용 ↖

4인분

- 저칼로리 쿠킹 스프레이
- 바스마티 쌀 200g
- 마늘 2쪽(곱게 다져둔 것)
- 카레 가루 1테이블스푼(중간 맛)
- 채소 육수 625ml(채소 육수 큐브 반 개를 625ml 물에 넣고 끓여둔 것)
- 오렌지색 피망 1개 (씨를 발라 깍둑썰기해둔 것)
- 파 6쪽(손질해서 잘게 다져둔 것)
- 슈거 스냅 피[2] 50g(각각 3등분으로 얇게 썰어둔 것)
- 브로콜리 100g(꽃 크기로 작게 잘라둔 것)
- 콜리플라워 100g(꽃 크기로 작게 잘라둔 것)
- 냉동 완두 50g
- 스위트콘 알맹이 50g(통조림에 든 스위트콘의 물기를 빼둔 것 또는 냉동해둔 것)
- 잘게 썬 신선한 고수 한 줌
- 중간 크기 달걀 3개
- 레몬 반 개(즙 내둔 것)
- 천일염과 갓 빻아둔 후추

소스팬(냄비)에 저칼로리 쿠킹 스프레이를 뿌리고 중불에 올려놓자. 쌀, 마늘, 카레 가루를 넣고 1~2분간 볶은 후 저어주다가 육수를 붓는다. 내용물을 잘 저으면서 약불로 줄인 다음 쌀 봉지에 적힌 안내 문구에 따라 뚜껑을 덮고 10~15분간 끓인다. 쌀이 익어 육수가 다 흡수될 때쯤이면 준비된 것이다.

쌀이 익는 동안 프라이팬이나 웍에 저칼로리 쿠킹 스프레이를 조금 더 뿌린 후 중불에 올려놓고 모든 채소를 넣자. 약 10분간 볶으면서 계속 저어준다. 채소가 아삭아삭하기를 원하면 너무 오래 조리하지 말자.

쌀이 익으면 뚜껑을 열어 익힌 채소를 넣고 고수의 대부분을 내용물과 섞어준다. 음식의 온기를 유지하려면 뚜껑을 다시 덮어두자.

볼에 달걀을 넣고 저은 후 소금과 후추를 뿌린다.

깨끗한 프라이팬에 저칼로리 쿠킹 스프레이를 뿌려 중불에 올려놓는다. 여기에 달걀을 붓고 한쪽 면을 1~2분 동안 조리한 후 오믈렛용으로 뒤집은 다음 프라이팬에서 꺼낸다.

밥에 레몬즙을 넣어 저어준 후 오믈렛을 조각내 밥 위에 올려놓는다. 그 위에 남은 고수를 뿌려 내놓자.

---

[1] 쌀을 고기나 생선 또는 채소와 함께 조리한 남아시아 요리

[2] 완두콩의 일종

닭다리와 넓적다리살 바비큐
BBQ CHICKEN DRUMSTICKS AND THIGHS

🕐 25분 | 🗑 30분 | 🔥 218칼로리 1회 제공량

건강한 식단을 추구한다고 해서 맛있는 바비큐를 끊으라는 법은 없다. 언제나 그렇듯 관건은 준비다. 미리 진한 바비큐 소스를 만들어두고, 닭고기에도 소스와 양념을 입혀두어 언제라도 조리할 수 있도록 준비해두자. 바비큐를 할 날씨가 아니면 오븐에서 조리하도록 하자. 조리가 끝나면 남은 소스를 듬뿍 발라 내놓는다.

매일매일 가볍게

4인분

- 닭다리 4쪽(껍질과 눈에 띄는 지방은 제거해둔 것)
- 뼈가 붙은 닭 넓적다리살 4쪽(껍질과 눈에 띄는 지방은 제거해둔 것)
- 바비큐 양념 1테이블스푼
- 채소 샐러드(내놓기용)

바비큐 소스용
- 저칼로리 쿠킹 스프레이
- 양파 반 개(깍둑썰기해둔 것)
- 마늘 2쪽(잘게 다져둔 것)
- 토마토 퓌레 1테이블스푼
- 다진 토마토 통조림 400g짜리 1개
- 레몬 반 개(즙 내둔 것)
- 바비큐 양념 1테이블스푼
- 발사믹 식초 1테이블스푼
- 우스터소스 2테이블스푼
- 화이트 와인 식초 2테이블스푼
- 버팔로 윙 핫소스 1테이블스푼
- 겨잣가루 1티스푼
- 굵은 입자의 감미료 1티스푼

바비큐 소스를 만들기 위해 프라이팬에 저칼로리 쿠킹 스프레이를 뿌리고 중불에 올려놓은 후 양파와 마늘을 넣고 양파가 부드러워질 때까지 4~5분간 조리한다. 토마토 퓌레와 토마토 통조림을 넣고 센 불에서 5분 동안 자주 저어가며 조리한 후, 나머지 재료들을 넣고 불을 줄인 다음 소스가 제대로 걸쭉해질 때까지 20분간 끓인다. 소스가 너무 걸쭉하다 싶으면 약간의 물을 넣고 잘 저어주자.

바비큐 소스는 그대로 사용해도 좋고, 더 부드러운 소스를 원할 경우 푸드 프로세서나 믹서기 스틱을 이용해 원하는 만큼 갈아준다. (다음에 쓰려면 살균 밀폐 용기에 넣어 최대 3일까지 냉장 보관하거나 냉동하자.)

닭고기를 오븐용 접시에 담아 바비큐 양념을 뿌리고 몇 테이블스푼 정도의 바비큐 소스를 발라둔다. (요리하고자 하는 전날 이와 같이 준비해두거나, 좀 더 나중에 먹을 경우 뚜껑을 덮어 냉동해두자.)

오븐을 섭씨 200도(팬 섭씨 180/ 가스 마크 6)로 예열하거나 바비큐 그릴에서 굽는다.

닭고기를 오븐이나 바비큐 그릴에서 30분간 또는 다 익을 때까지 조리한다(오븐에서 조리할 경우 20분이면 된다). 닭고기 넓적다리살의 가장 두꺼운 부위에 칼을 찔러 넣어보고 육즙이 선명한지 확인하자. 오븐에서 꺼내 남은 소스와 함께 뜨거운 상태로 내놓거나 식혀서 내놓는다.

도너 케밥
DONER KEBAB

🕐 **10분** | 🍲 **조리 도구에 따라 다름** 아래 참조 | 🔥 **341칼로리** 1회 제공량

이 레시피는 다진 소고기라는 무난한 재료에 센스 있는 양념을 더해 맛있고도 칼로리 부담 없는 가정식 레스토랑 음식을 만들어낸다. 게다가 이처럼 천천히 재료를 익히는 슬로우 쿠킹 조리법은 재료의 풍미를 유지해주어 마치 출근 전에 재료만 넣었을 뿐인데 퇴근 후 테이크아웃 전문 요리가 배달된 것 같은 효과를 얻을 수 있다. 아울러 일단 조리가 끝난 후에도 그 상태로 냉동 보존할 수 있다(단 애초에 들어갈 다진 소고기가 냉동된 게 아니어야 한다).

--- 매일매일 가볍게 ---

4인분

- 저칼로리 쿠킹 스프레이
  (오븐에서 요리하는 경우)
- 5% 이하 지방이 함유된 다진 소고기
  500g
- 양파 과립 1/2티스푼
- 빻아둔 커민 1티스푼
- 마늘 과립 1/2티스푼
- 훈제 스위트 파프리카 가루 1/4티스푼
- 찧어둔 고수 1/2티스푼
- 말린 오레가노[1] 1티스푼
- 말린 혼합 허브 1티스푼
- 카옌페퍼[2] 1/4티스푼
- 천일염 1티스푼
- 갓 빻아둔 후추 조금

내놓기용 (취향에 따라)
- 갈색 피타 브레드
- 채소 샐러드
- 민트 소스를 곁들인 저지방 천연
  요구르트 혼합물

오븐 사용법
🍲 **1시간 45분**

오븐을 섭씨 180도(팬 섭씨 160도/ 가스 마크 4)로 예열하자. 900g의 논스틱 로프 틴[3]에 저칼로리 쿠킹 스프레이를 약간 뿌린다.

남은 재료들을 믹서기나 푸드 프로세서에 넣고 내용물이 덩어리 없이 고루 섞일 때까지 갈아준다. 내용물을 믹서기에서 꺼내 논스틱 로프 틴에 넣고 각 모서리가 잘 들어맞도록 단단히 눌러준다.

논스틱 로프 틴을 호일로 씌우고 1시간 20분 동안 조리한 후, 호일을 벗기고 다시 10분간 더 계속 조리한다.

10~15분간 그대로 두었다가 논스틱 로프 틴에서 꺼내 얇게 썬 후 빵, 샐러드, 요거트와 함께 내놓는다.

압력솥 사용법
🍲 **45분**

모든 재료를 믹서기나 푸드 프로세서에 넣고 덩어리 없이 고루 섞일 때까지 갈아준다.

고기를 미트로프[Meatloaf][4] 모양으로 만든 후, 호일로 단단히 싸 틈이 없도록 한다. 압력솥 바닥에 삼발이를 넣고 그 위에 랩으로 싼 고기를 올려놓는다. 냄비에 250ml의 물을 넣고 압력솥을 매뉴얼[Manual]/스튜[Stew]로 설정한 후 30분 동안 조리한다. 압력추가 저절로 내려가도록 둔다(Natural Pressure Release/NPR로 설정). 압력솥에서 고기를 꺼내 10~15분간 그대로 두었다가 호일을 벗긴 후 얇게 썬 빵, 샐러드, 요거트와 함께 내놓는다.

전기 찜솥 사용법

🍲 4시간 반

모든 재료를 믹서기나 푸드 프로세서에 넣고 내용물이 덩어리 없이 고루 섞일 때까지 갈아준다.
믹서기나 푸드 프로세서에서 꺼낸 고기를 미트로프 모양으로 만든 후, 호일로 단단히 싸서 틈이 없도록 하자. 전기
찜솥 바닥에 호일로 동그랗게 만 3개의 볼을 삼발이 역할을 하도록 넣고 랩으로 싼 고기를 그 위에 올려놓는다.
뚜껑을 덮고 미디엄Medium으로 설정하여 4시간 반 동안 조리한 후 찜솥에서 꺼내 호일을 벗기자. 10~15분 그대로
두었다가 빵, 샐러드, 요구르트와 함께 내놓는다.

[1] 허브 식물인 오레가노 잎을 말린 것으로, 살짝 매콤하면서 아주 조금 쓸쓸한 맛을 지님
[2] 매운맛의 대명사인 청양고추보다도 몇 배나 더 매운 고추의 한 종류
[3] 금속 소재에 뚜껑이 달린 식품저장용 통
[4] 곱게 다진 고기, 양파 등을 함께 섞어 빵 모양으로 만들고 오븐에 구운 요리

치즈버거 피자

CHEESEBURGER PIZZA

🕐 **15분**　│　🍲 **15분**　│　🔥 **343칼로리** 1회 제공량

건강한 식단을 따르려고 할 때 때때로 피자는 적처럼 보일 수도 있다. 하지만 탄수화물이 잔뜩 든 피자 도우를 토르티야 랩으로 바꾸기만 해도 거리낌 없이 배불리 먹을 수 있다. 몇 가지 재료만 센스 있게 사용하면 정통 치즈버거의 맛을 살린, 정말 특별한 한 끼를 맛볼 수 있을 것이다!

주 간 식 도 락

고기라면 소고기

글루텐 없는 육수 큐브 사용

1인분

- 5% 이하 지방이 함유된 다진 소고기 75g
- 말린 오레가노 조금 (뿌리기용 여분으로 조금 더 준비해둘 것)
- 양파 과립 조금
- 마늘 과립 조금
- 소금과 갓 빻아둔 후추
- 양파 1/4개 (잘게 깍둑썰기해둔 것)
- 빨간 피망 1/4개 (잘게 깍둑썰기해둔 것)
- 토마토 퓌레 1과 1/2테이블스푼
- 발사믹 식초 1티스푼
- 저칼로리 토르티야 랩 1개
- 작은 오이피클 1개 (얇게 저며둔 것)
- 저지방 체더치즈 20g (곱게 갈아둔 것)
- 저지방 모차렐라 35g

오븐을 섭씨 220도(팬 섭씨 200도/ 가스 마크 7)로 예열하고 베이킹 양피지로 베이킹 트레이의 안을 죽 두른다.

볼에 오레가노, 양파 과립, 마늘 과립과 함께 다진 소고기를 넣는다. 소금과 후추로 간하고 잘 섞어준 후 15등분의 똑같은 크기로 돌돌 말아 미트볼을 만들자. (이때 다음에 쓰기 위해 미트볼을 냉동해둘 수도 있다.) 미트볼을 잘게 깍둑썰기한 양파, 피망과 함께 베이킹 트레이에 올려놓고 오븐에서 5분 동안 조리한 후 꺼내 한쪽에 놓아둔다.

오븐 온도를 섭씨 200도(팬 섭씨 180도/ 가스 마크 6)로 낮추고, 기름이 배지 않는 종이로 베이킹 트레이의 안을 죽 두른다.

토마토 퓌레를 발사믹 식초로 버무린 후 랩 위에 고루 펴 바르고 종이로 죽 둘러 댄 베이킹 트레이 위에 랩을 올려놓는다.

익힌 미트볼, 양파, 피망을 랩 위에 펴 바른 후 오이 피클 조각을 뿌리고 곱게 간 체더치즈로 덮는다. 모차렐라 치즈를 잘게 잘라 그 위에 얹고 여분의 오레가노도 조금 더 뿌리자.

오븐에서 7분 동안 또는 랩이 바삭바삭해지고 치즈가 녹아 노릇노릇해질 때까지 조리한다.

오븐에서 꺼내 내놓는다.

허니 칠리 치킨
HONEY CHILLI CHICKEN

🕐 5분 | 🍲 25~30분 | 🔥 308칼로리 1회 제공량

''핀치 오브 넘''의 세계에선 불가능이란 없다고 말해두고 싶다. 꿀을 쓰는 건 식단에 정제되지 않은 천연의 달콤함을 더해줄 매우 좋은 방법이다. 또한 고추의 불타는 매운맛과, 맛의 균형을 잡아주는 진간장의 산미로 맛있고 근사한 가정식 레스토랑 요리에 도전해보자.

──────────── ┤ 주 간 식 도 락 ├ ────────────

글루텐없는 간장과
육수 큐브사용 ↗

4인분

- 저칼로리 쿠킹 스프레이
- 닭고기 넓적다리살 600g(껍질과 눈에 띄는 지방은 제거해둔 것)
- 묽은 꿀 2테이블스푼
- 말린 칠리 플레이크 조금
- 닭고기 육수 큐브 2개(바스러뜨려둔 것)
- 진간장 3테이블스푼
- 마늘 과립 1과 1/2티스푼

내놓기용
- 무 2개(얇게 썰어둔 것)
- 파 2쪽(손질해서 잘게 썰어둔 것)
- 홍고추(취향에 따라 씨를 발라 얇게 썰어둔 것)

오븐을 섭씨 180도(팬 섭씨 160도/ 가스 마크 4)로 예열한 후, 오븐용 베이킹 접시에 저칼로리 쿠킹 스프레이를 뿌린다.

오븐용 베이킹 접시에 닭고기 살코기를 올려놓는다.

볼에 꿀, 칠리 플레이크, 육수 큐브, 간장, 마늘 과립을 넣어 함께 섞어주자. 이 혼합물을 닭고기 살코기 전체에 펴 바른 후 오븐에서 다 익을 때까지 25~30분간 조리한다.

오븐에서 꺼내 취향에 따라 무, 파, 홍고추를 곁들여 내놓자.

다이어트 콜라 치킨
DIET COLA CHICKEN

🕐 **10분** | 🗑 **25분** | 🔥 **217칼로리** 1회 제공량

'식재료로 웬 다이어트 콜라냐?' 하는 생각이 들 수도 있겠지만 한번 믿어보시라! '핀치 오브 넘'에선 이것이 일종의 정통 레시피다. 일단 콜라의 수분이 대부분 증발하고 나면(참고 기다리면 결국 증발할 것이다!) 끈적끈적하고 달콤한 소스가 남는데 이걸 식초 토마토 베이스와 섞으면 산미 균형을 잡아주어 찰떡궁합이다. 여기다가 갓 지은 밥과 같이 내놓으면 중국식당에서 먹는 것과 다를 바 없는 근사한 저녁 식사를 즐길 수 있다.

─────┤ 매일매일 가볍게 ├─────

글루텐없는 간장과
육수 큐브사용

4인분

- 저칼로리 쿠킹 스프레이
- 닭가슴살 2쪽(껍질과 눈에 띄는 지방은 제거한 후 깍둑썰기해둔 것)
- 중국5향신료(계피, 정향, 회향, 팔각, 사천 후추 혼합) 1/2티스푼
- 천일염
- 붉은 양파 1개(얇게 썰어둔 것)
- 생강 뿌리 조각 1.5cm(껍질을 벗겨 잘게 썰어둔 것)
- 마늘 3쪽(잘게 다져둔 것)
- 버섯 6개(4등분해둔 것)
- 빨간 피망 반 개(씨를 발라 얇게 썰어둔 것)
- 초록 피망 반 개(씨를 발라 얇게 썰어둔 것)
- 노란 피망 반 개(씨를 발라 얇게 썰어둔 것)
- 베이비콘 6개(반으로 길게 잘라둔 것)
- 토마토 퓌레 2테이블스푼
- 진간장 2테이블스푼
- 우스터소스 1테이블스푼
- 식초 1테이블스푼(셰리 식초 또는 쌀 식초)
- 다이어트 콜라 캔 330ml짜리 1개
- 닭고기 육수 큐브 반 개
- 닭고기 스톡팟 1개
- 파 5쪽(손질하여 듬성듬성 썰어둔 것)

저칼로리 쿠킹 스프레이를 뿌린 후 프라이팬을 약불에 올려놓는다. 닭고기를 넣고 중국5향신료를 뿌린 후 소금으로 간하자. 내용물을 저어주면서 닭고기 색이 노릇노릇해질 때까지 몇 분 동안 조리한다.

프라이팬에서 닭고기를 꺼내 접시에 담은 후 한쪽에 놓아두자. 프라이팬에 저칼로리 쿠킹 스프레이를 몇 번 더 뿌린 후 양파, 생강, 마늘, 버섯을 넣고 중불에서 부드러워지기 시작할 때까지 3~4분간 볶아준다. 피망, 베이비콘, 토마토 퓌레, 간장, 우스터소스, 식초를 넣고 저어준 후, 콜라를 넣고 다시 한번 저어주며 끓이자.

여기에 육수 큐브와 스톡팟을 바스러뜨려 넣고 뚜껑을 덮지 않은 채로 10분간 끓인다. 소스가 걸쭉해지기 시작하고 약간 시럽 같아지면 프라이팬에 다시 닭고기를 옮겨놓은 후 파를 넣고 저어주면서 약한 불에 10분간 더 졸이자. 소스의 상태를 확인하고 닭고기가 다 익었는지 확인하면서 소스가 충분히 걸쭉하지 않으면, 원하는 농도에 도달할 때까지 조금 더 오래 졸인다.

치킨 파지타 파이
CHICKEN FAJITA PIE

🕐 **10분** | 🗑 **45분** | 🔥 **492칼로리** 1회 제공량

이 요리는 다른 요리들보다 약간 칼로리가 높지만 이따금 생겨나는 고칼로리 욕구를 채우기 위해 조리해볼 만하다. 치즈 소스를 쓰는 다른 일반 요리보다 칼로리가 낮은 데다 센스 있는 대체 재료와 함께 특별한 한 끼 식사로 손색이 없기 때문이다.

--- 특별한 날 ---

4인분

· 저칼로리 쿠킹 스프레이
· 닭가슴살 3쪽(껍질과 눈에 띄는 지방은 제거한 후 얇고 긴 선 모양으로 토막 내둔 것)
· 노란 피망 또는 빨간 피망 큰 것 2개 (씨를 발라 얇게 썰어둔 것)
· 큰 양파 2개(얇게 썰어둔 것)
· 빻아둔 커민 1테이블스푼
· 찧어둔 고수 1/2테이블스푼
· 칠리 파우더(순한 맛) 1티스푼
· 말린 칠리 플레이크 1/2티스푼 (취향에 따라)
· 천일염과 갓 빻아둔 후추
· 파사타 소스[1] 500g짜리 1통
· 강낭콩 칠리소스 통조림 395g짜리 1개
· 저칼로리 토르티야 랩 2개(필요할 경우 스프링폼 케이크 틴에 맞게 썰어둔 것)
· 저지방 모차렐라 치즈 70g
· 저지방 체더치즈 40g(곱게 갈아둔 것)

오븐을 섭씨 200도(팬 섭씨 180도/ 가스 마크 6)로 예열한 후 24cm의 스프링폼 케이크 틴[2] 바닥에 베이킹 양피지를 죽 두르자.

큰 프라이팬에 저칼로리 쿠킹 스프레이를 뿌린 후 약불에 올려놓는다. 여기에 토막 내둔 닭고기를 넣고 2~3분간 조리하자. 피망, 양파, 향신료를 넣고 소금과 후추로 간한 후 잘 섞어준다. 또 파사타와 강낭콩 칠리소스를 넣어 전체적으로 15분 동안 약한 불에 끓인다.

닭고기가 다 익으면 양피지를 두른 케이크 틴 바닥에 닭고기를 먼저 한 겹 쌓는다. 그런 다음 랩을 한 겹 쌓고, 이어 닭고기 혼합물로 또 한 겹 쌓은 뒤 그 위에 랩을 한 겹 더 쌓는다. 그리고 마지막으로 닭고기 혼합물을 한 번 더 쌓아 마무리한다. 그 위에 준비해둔 모차렐라 치즈 덩이를 모두 얹고 곱게 갈아둔 체더치즈를 뿌리자. 오븐에 넣은 후 노릇노릇해질 때까지 25분간 조리한 후 내놓는다.

Tip
이 레시피는 냉장고에 있는 어떤 채소와도 궁합이 맞는 최고의 적응력을 뽐낸다.

[1] 모든 토마토 파스타에서 토마토소스의 베이스가 되는 소스
[2] 다 된 케이크를 쉽게 꺼낼 수 있도록 밑이 벗겨지게 되어 있는 케이크용 금속 틀

싱가폴 나시 고렝

SINGAPORE NASI GORENG

🕐 **15분** | 🍲 **20분** | 🔥 **460칼로리** 1회 제공량

이 간단한 한 끼가 선사하는 풍미의 세계는 그야말로 끝내준다! 양배추의 풍성함이 더해진 이 근사한 쌀 요리는 카레 가루를 곁들임으로써 매콤함을 선사하는 요리로 순식간에 뚝딱 만들어낼 수 있기 때문이다. 취향에 따라 카레 가루의 매운 정도를 순한 맛, 중간 맛, 매운맛으로 조절 가능하다. 아래 레시피를 한번 믿고 이 위에 달걀프라이를 얹어보자. 노른자가 터지면서 그 밑의 따뜻하고 포만감 넘치는 볶음과 섞일 때 그 맛은 완벽 그 자체가 된다.

--- 주 간 식 도 락 ---

글루텐 없는 간장과
육수 큐브 사용

4인분

- 바스마티 라이스(인도식 쌀밥) 175g
  (헹궈서 물기를 빼둔 것)
- 닭고기 육수 큐브 1개
- 저칼로리 쿠킹 스프레이
- 닭가슴살 300g(껍질과 눈에 띄는 지방은
  제거한 후 길게 선 모양으로 토막 내둔 것)
- 파 6쪽(손질해서 잘게 다져둔 것)
- 샬롯* 3개(깍둑썰기해둔 것)
- 당근 1개(중간 크기, 얇게 썰어둔 것)
- 배추 또는 양배추 75g(채 썰어둔 것)
- 냉동 완두 75g
- 카레 가루 1테이블스푼
- 묽은 간장 1과 1/2테이블스푼
- 피쉬 소스 1테이블스푼
- 중간 크기 달걀 4개
- 라임 반 개

쌀은 치킨 포장에 적힌 안내 문구에 따라 조리하되, 사용되는 물에 육수 큐브를 넣고 조리한 후 물기를 빼서 한쪽에 놓아두자.

웍이나 큰 프라이팬에 저칼로리 쿠킹 스프레이를 뿌리고 중불에 올려놓는다. 닭고기를 넣고 익을 때까지 약 5분간 조리한 후 프라이팬에서 꺼내 한쪽에 보관하자.

프라이팬에 저칼로리 쿠킹 스프레이를 조금 더 뿌린 후 중불에 올려놓고 파, 샬롯, 당근, 배추나 양배추, 완두를 넣는다. 여기에 카레 가루를 넣고 채소가 부드러워지면서도 약간 아삭거리는 느낌을 유지할 때까지 5분간 볶아주자. 미리 조리해둔 닭고기와 쌀, 간장, 피쉬 소스를 넣고 계속해서 볶다가 모든 내용물이 뜨거워지고 고르게 색깔이 입혀질 때까지 저어준다. (이때 이 나시 고렝 내용물을 다음에 쓰기를 원한다면 냉동해둘 수도 있다.)

모든 내용물이 가열되는 동안 프라이팬에 저칼로리 쿠킹 스프레이를 조금 뿌리고 각자 취향에 맞는 익힘 정도로 달걀프라이를 부치자.

나시 고렝에 라임으로 짠 즙을 넣어 마무리하고 네 개의 접시에 나눠 담은 후, 각 접시 위에 달걀프라이를 얹어 내놓는다.

*작은 양파와 같은 모양으로 '미니양파'라고도 불리며, 양파에 가까운 맛이 나지만 단맛이 더 강한 것이 특징

터키 키마
TURKEY KEEMA

🕐 **10분** | 🍲 **25분** | 🔥 **336칼로리** 1회 제공량

보통 키마는 다진 소고기나 양고기에 향신료와 버터를 듬뿍 발라 만드는 요리이다. 하지만 그 대신 맛있는 이 슬리밍 푸드 친화 요리는 다진 칠면조 고기를 쓴다. 그래도 자체 향신료와 신선한 재료를 써서 충분히 맛있는 데다 한밤중 집에서 즐기는 인도 테이크아웃 전문 요리의 느낌을 여전히 살려줄 것이다. 이 요리는 진정 우리가 찾던 바로 그 요리다!

───────── 매일매일 가볍게 ─────────

글루텐없는 육수 큐브사용

1인분

- 홍고추 1개(매운맛을 좋아할 경우 씨를 빼지 않은 채 그대로 둔 것)
- 큰 양파 1개(듬성듬성 썰어둔 것)
- 생강 뿌리 조각 2cm (껍질을 벗겨둔 것)
- 마늘 2쪽(껍질을 벗겨둔 것)
- 저칼로리 쿠킹 스프레이
- 지방함량이 적은 다진 칠면조 가슴살 500g
- 순한 카레 가루 1테이블스푼 (또는 취향에 따라 아래에 제공된 혼합 향신료 1테이블스푼)
- 닭고기 육수 120ml(닭고기 육수 큐브 1개를 120ml 물에 넣고 끓여둔 것)
- 으깬 토마토 통조림 400g짜리 1개
- 냉동 완두 150g
- 신선한 고수 조금(잘게 썰어둔 것, 추가로 내놓기용 여분으로 조금 더 준비해둘 것)
- 무지방 천연 요거트 3테이블스푼

혼합 향신료(취향에 따라)
- 찧어둔 고수 1티스푼
- 빻아둔 커민 1티스푼
- 빻아둔 강황 1/4티스푼
- 빻아둔 시나몬 1/2티스푼
- 훈제 스위트 파프리카 가루 1/4티스푼

내놓을 때 포함할 재료
- 바스마티 라이스(인도식 쌀밥)
- 레몬 1개(얇게 썰어둔 것)

고추를 양파, 생강, 마늘과 함께 믹서기나 푸드 프로세서에 넣고 퓌레가 될 때까지 갈자.

모든 혼합 향신료(쓰는 가지 수 만큼)를 섞어준다.

냄비에 저칼로리 쿠킹 스프레이를 뿌리고 중불에 올려놓자. 다진 칠면조 고기를 넣고 나무 수저로 잘 넓혀주면서 5분간 조리한 후 혼합 향신료나 카레 가루를 넣고 양념이 잘 입혀질 때까지 다시 2~3분간 조리한다. 양파, 고추, 생강, 마늘 퓌레를 넣고 5분간 더 조리하자. 그런 다음 닭고기 육수와 잘게 썬 토마토를 넣고 소스가 줄면서 걸쭉해질 때까지 온도를 높여 펄펄 끓으면 약한 불에 10분간 끓여준다.

소스를 저으면서 냉동 완두와 찧어둔 고수를 넣고 3분간 더 조리한다.

불에서 내리고 요거트를 넣어 섞어준 후 바스마티 라이스와 레몬 조각을 곁들여 내놓자.

블랙 빈 소스 치킨

CHICKEN IN BLACK BEAN SAUCE

🕐 10분 | 🗑 10분 | 🔥 267칼로리 1회 제공량

테이크아웃이 일반적인 이 중국 정통 요리에도 우리는 '핀치 오브 넘' 효과를 줬다. 기름지고 칼로리 높은 전형적 재료의 양은 줄이면서도, 콩과 미소*의 맛과 매콤한 검은콩 소스의 깊은 풍미는 그대로 살려본 것이다. 이 요리는 '불금'을 위한 그야말로 완벽한 해결책이다!

───────────────── 매일매일 가볍게 ─────────────────

4인분

· 저칼로리 쿠킹 스프레이
· 닭가슴살(껍질과 눈에 띄는 지방은 제거하고 토막 내둔 것) 500g
· 양파 6개(손질해서 잘게 다져둔 것)
· 마늘 3쪽(잘게 다진 것)
· 생강 뿌리 조각 2cm(껍질을 벗겨 잘게 썰어둔 것)
· 중국5향신료 1/2티스푼
· 말린 칠리 플레이크 1/4티스푼
· 베이비콘 100g(각 삼등분으로 잘라둔 것)
· 깍지완두 75g
· 빨간 피망 반 개(씨를 발라 얇게 썰어둔 것)
· 초록 피망 반 개(씨를 발라 얇게 썰어둔 것)
· 화이트 미소 된장 2티스푼
· 400g짜리 검은콩 통조림 1개(물기를 빼고 헹궈서 듬성듬성 으깨둔 것)
· 연한 간장 4테이블스푼
· 백미 식초 1테이블스푼
· 물 100ml
· 새콤달콤하고 바삭바삭한 방울양배추 Sweet and Sour Crispy Asian Sprouts(200면 참조, 취향에 따른 내놓기용)

웍이나 프라이팬에 저칼로리 쿠킹 스프레이를 뿌리고 센 불에 올려놓는다. 토막 내둔 닭고기를 넣고 약간 노릇노릇해질 때까지 2~3분 동안 볶은 후 파, 마늘, 생강, 중국5향신료, 칠리 플레이크를 넣고 잘 저어준다. 준비해둔 채소들을 넣고 다시 3~4분간 재빨리 볶아주자.

미소 된장과 으깨둔 콩을 먼저 섞고 여기에 간장, 백미 식초, 물을 넣고 저어준 후 뭉근히 끓이면서 2분간 조리한다.

닭고기가 다 익었는지 확인한 후 새콤달콤하고 바삭바삭한 방울양배추 요리 그리고 취향에 따라 밥이나 국수와 함께 내놓자.

* 달짝지근한 맛의 일본식 된장

채소 버거
VEGGIE BURGERS

🕐 **15분** | 🗑 **10분** | 🔥 **118칼로리** 1회 제공량

맛 좋고 몸에 좋은 채소 버거는 그 어떤 요리에도 결코 뒤지지 않는다. 게다가 유명한 채소 버거라고 하면 양도 풍부하고 맛도 좋을뿐더러 채소만 들어갔다고 해서 (육식가라 해도) 고기를 아쉬워하게 만들지도 않는다. 이 조리법은 바로 이런 훌륭한 버거 요리 중 하나다. 소량의 파르메산 치즈를 더해 짜릿하고 풍부한 맛을 살렸다. 내놓을 땐 풍성한 샐러드를 곁들여서 즐겨보자!

─────────────── **매일매일 가볍게** ───────────────

글루텐없는노멀사용

4개분

- 중간 크기 감자 220g(껍질을 벗겨 깍둑썰기해둔 것)
- 저칼로리 쿠킹 스프레이
- 마늘 2쪽(잘게 찧어둔 것)
- 중간 크기 당근 1개(갈아둔 것)
- 그린빈(껍질콩) 50g(손질해서 잘게 썰어둔 것)
- 콜리플라워 꽃 부분 50g(손질해서 잘게 썰어둔 것)
- 브로콜리 꽃 부분 50g(손질해서 잘게 썰어둔 것)
- 냉동 완두 50g
- 스위트콘 50g(통조림에 든 스위트콘의 물기를 빼둔 것 또는 냉동해둔 것)
- 잘게 썰어둔 신선한 파슬리 한 줌
- 파르메산 치즈(또는 단단한 베지테리언 치즈) 30g

내놓기용(취향에 따라)
- 통밀 햄버거 번* 4개
- 상춧잎
- 사워크림과 차이브 소스를 곁들인 고구마 로스티 Sweet Potato Rostis with Sour Cream and Chive Dip(235면 참조)

끓는 소금물에 감자를 넣고 부드러워질 때까지 익힌 후 물기를 잘 빼서 소형 매셔(감자 으깨는 도구)나 포크로 으깬다.

큰 프라이팬에 저칼로리 쿠킹 스프레이를 뿌리고 중불에 올려놓는다. 마늘과 모든 채소(완두와 스위트콘 제외)를 넣고 색이 변하지 않도록 주의하면서 5분간 잘 저어준다. 완두와 스위트콘을 넣고 다시 2~3분간 조리하자.

볼에 으깬 감자와 채소를 넣어 섞은 후, 잘게 썰어둔 파슬리와 파르메산 치즈를 넣고 섞어준다.

혼합물을 4등분해 각 덩이를 버거 모양으로 잡아준다. (이때 버거를 냉동 보관해둘 수도 있다. 단 조리하기 전엔 완전히 해동하자.)

프라이팬에 저칼로리 쿠킹 스프레이를 뿌리고 중불에 올려놓는다. 통밀 버거를 넣고 5분 또는 바닥이 노릇노릇해질 때까지 조리한 후 조심스럽게 뒤집어 몇 분간 더 조리하자. 반대쪽이 노릇노릇해질 때 불을 끈 후 안에 샐러드 혼합물을 넣은 채소 버거만 내놓든지 아니면 고구마 로스티 Sweet Potato Rostis(235면 참조)와 함께 내놓자.

* 우유와 버터를 넣고 구운 작고 둥근 영국 빵

I made the

NASI GORENG

after a 12-hour shift

LOVED IT

12시간 교대를 마친 후 나시 고렝을 만들어봤다. 아주 끝내줬다!   에마

"

채소 비리야니는 가장 즐겨 먹는
내 새로운 점심 메뉴가 될 것 같다.
순식간에 뚝딱 손쉽게 만들어낼 수 있다!

샤를린

치즈버거 피자는 굉장한 요리였다.
끝내줬다! 여기 실린 수많은 조리법이
가족을 위한 요리로 제격이다!

캐시

치즈 미트볼
STUFFED MEATBALLS

🕐 **10분** | 🗑 **25분** | 🔥 **283칼로리** 1회 제공량

맛있고 풍부한 토마토소스에 넘쳐 흘러내리는 치즈가 곁들여진 미트볼······ 게다가 슬리밍 푸드이기까지 하다? 그렇다! 이 맛있는 미트볼은 모차렐라만 조금 곁들여도 더욱 특별한 요리로 느껴진다. 또한 워낙 손쉽게 뚝딱 준비할 수 있어 요란 떨지 않고도 평일 저녁 바쁜 가족을 위해 잽싸게 만들어낼 수 있다.

주간 식도락

4인분(인당 미트볼 3개)

미트볼용
- 5% 지방이 함유된 다진 소고기 500g
- 소금 1티스푼
- 갓 빻아둔 후추 조금
- 마늘 가루 1/2티스푼
- 말린 오레가노 1/2티스푼
- 말린 혼합 허브 1/2티스푼
- 중간 크기 달걀노른자 1개
- 신선한 파슬리 한 줌(얇게 썰어둔 것)
- 저지방 모차렐라 70g(12개의 똑같은 조각으로 잘라둔 것)

소스용
- 다진 토마토 통조림 400g짜리 1개
- 토마토 퓌레 50g
- 말린 오레가노 1테이블스푼
- 양파 과립 1티스푼
- 말린 바질 1/2티스푼
- 말린 파슬리 1/2티스푼
- 중간 크기 당근 1개(잘게 다진 것)
- 셀러리 줄기 1대(잘게 다진 것)
- 레드 와인 식초 1/2티스푼
- 천일염과 갓 빻아둔 후추

오븐을 섭씨 200도(팬 섭씨 180도/ 가스 마크 6)로 예열하자. 베이킹 양피지로 베이킹 트레이의 안을 죽 두른다.

모든(모차렐라와 파슬리의 절반은 제외) 미트볼 재료를 볼에 넣고 잘 섞일 때까지 저어준 후 미트볼 혼합물을 12개의 덩이로 만들자.

12등분한 모차렐라 조각을 각 미트볼 혼합물로 에워싼다. 각 혼합물을 공 모양으로 단단하게 굴린 후 베이킹 트레이에 미트볼을 넣고 오븐에서 15분 동안 조리한다.

미트볼이 조리되는 동안 소스를 만들자. 소스 재료 전부를 프라이팬에 넣고 불을 올려 펄펄 끓기 시작하면 중저 온도로 내려놓고 약 20분간 조리한다.

소스를 스틱 믹서기나 믹서기 또는 푸드 프로세서에 넣어 부드러워질 때까지 갈아준 후 소금과 후추로 간하고 다시 프라이팬에 넣자. 여기에 구운 미트볼을 넣어 잘 저어준다.

잘게 다져둔 남은 파슬리를 뿌린 후 내놓자.

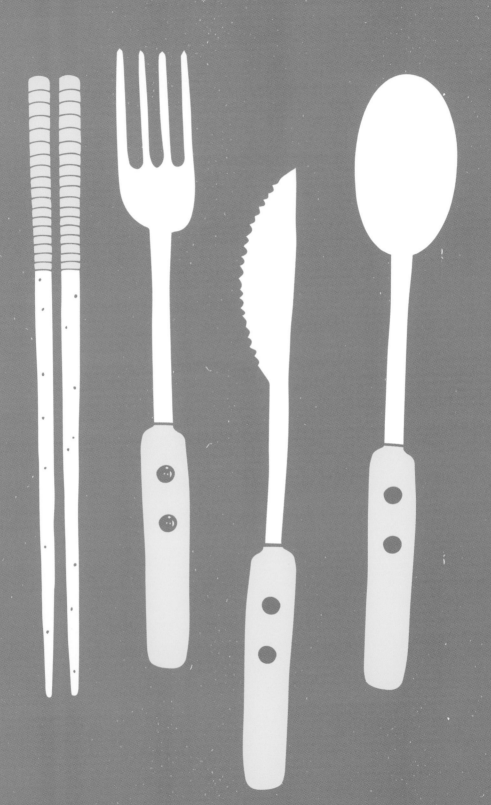

CHAPTER 3

간편
요리

레인보우 쿠스쿠스
RAINBOW COUSCOUS

⏱ **20분** | 🗑 **요리할 필요 없음** | 🔥 **280칼로리** 1회 제공량

쿠스쿠스[1]는 재빨리 손쉽게 만들 수 있는 포만감 있는 저칼로리 요리다. 석류 씨는 뜻밖의 재료로 보일 수도 있지만 달콤한 타르트 맛을 내어 페타 치즈[2]의 짠맛을 중화시켜주며, 레드 와인 식초가 첨가되면서 산미의 균형감을 잡아준다.

주 간 식 도 락

4인분

- 쿠스쿠스 200g
- 채소 육수 큐브 1개
- 붉은 양파 반 개(얇게 썰어둔 것)
- 오이 반 개(깍둑썰기해둔 것)
- 방울토마토 10개(2등분해둔 것)
- 노란 피망 반 개(깍둑썰기해둔 것)
- 오렌지색 피망 반 개(깍둑썰기해둔 것)
- 레드 와인 식초 1과 1/2테이블스푼
- 석류 씨 3테이블스푼
- 신선한 민트 한 줌(잘게 썰어둔 것)
- 신선한 파슬리 한 줌(잘게 썰어둔 것)
- 천일염
- 저지방 페타 치즈 65g(바스러뜨려 둔 것)

포장에 적힌 안내 문구에 따라 쿠스쿠스를 준비하고, 물에 채소 육수 큐브를 넣어준다.

모든 채소를 쿠스쿠스에 넣고 저으면서 레드 와인 식초, 석류 씨, 잘게 썰어둔 민트와 파슬리를 넣어 잘 섞은 후 소금으로 간한다.

네 개의 접시에 쿠스쿠스를 나누어 넣고 바스러뜨린 체더치즈를 각 쿠스쿠스에 골고루 뿌린 후 내놓자.

[1] 듀럼 밀을 갈아 만든 '세몰리나'에 소금물을 뿌려가며 좁쌀만 한 알갱이로 둥글린 것

[2] 그리스의 전통 치즈로 양젖과 염소젖으로 만들어져 소금물에 담겨 있는 치즈

피자 치킨

PIZZA-STUFFED CHICKEN

🕐 **10분** | 🍲 **25분** | 🔥 **388칼로리** 1회 제공량

치킨과 피자의 풍미. 이 두 궁합에 무슨 더 할 말이 필요할까? 이 둘은 천생연분이다. 치킨으로 말할 것 같으면, 칼로리 높고 두꺼운 피자 도우 대신 쓸 수 있는 대체 재료로 풍부한 단백질은 물론 포만감을 준다. 여기에 녹아 내리는 저지방 치즈도 제 몫을 톡톡히 한다.

─────────┤ 주 간 식 도 락 ├─────────

4인분

- 닭가슴살 4쪽(껍질과 눈에 띄는 지방은 제거해둔 것)
- 얇게 썬 큰 버섯 20개
- 빨간 피망 반 개(씨를 발라 20등분하여 얇게 썰어둔 것)
- 베이컨 메달리온 4장(각각 5등분으로 썰어둔 것)
- 붉은 양파 반 개(얇게 썰어둔 것)
- 토마토 8조각
- 저지방 체더치즈 80g(곱게 갈아둔 것)
- 말린 이탈리아 허브(바질, 오레가노, 로즈마리, 타임 등) 1티스푼
- 저칼로리 쿠킹 스프레이

오븐을 섭씨 220도(팬 섭씨 200도/ 가스 마크 7)로 예열한다.

닭가슴살을 위에서부터 아래로 각각 가로로 다섯 개 칼집을 낸다. 두께의 3/4 깊이로 칼집을 내면서 완전히 자르지 않도록 주의하자.

칼집을 낸 곳마다 버섯 한 조각, 20등분한 피망 한 조각, 베이컨 한 조각, 양파 여러 조각을 끼워 넣자. 베이킹 트레이에 올려놓고 오븐에서 20분 동안 또는 닭고기가 익을 때까지 조리한다.

다 조리되면 각 닭가슴살에 토마토 2조각을 얹고 그 위에 20g의 체더치즈와 약간의 이탈리안 허브를 뿌린다. 다시 오븐에 넣고 5분간 또는 치즈가 녹아서 노릇노릇해질 때까지 조리한다.

모로칸 스파이스 연어구이

MOROCCAN SPICED SALMON

🕐 15분 | 🍲 20분 | 🔥 275칼로리 1회 제공량

핀치 오브 넘에서 우리가 가장 좋아하는 문구를 되새겨보자. '물속에 사는 재료들은 우리를 날씬하게 만든다!' 우리의 주요리 중 가장 칼로리 낮은 요리가 생선 요리다. 모로칸 스파이스 연어구이는 생선의 섬세한 맛을 모로코의 풍미와 조합한 요리로, 단백질이 풍부하고 포만감이 넘친다. 믿기 힘들 정도로 만들기도 간단해 손쉽고 세련된 저녁 식사에 안성맞춤이다.

─────── │ 매일매일 가볍게 │ ───────

4인분

- 빨간 피망 1개(씨를 발라 깍둑썰기해둔 것)
- 노란 피망 1개(씨를 발라 깍둑썰기해둔 것)
- 붉은 양파 1개(깍둑썰기해둔 것)
- 저칼로리 쿠킹 스프레이
- 천일염과 갓 빻아둔 후추
- 껍질을 벗기지 않은 연어 살코기 4도막
- 레몬 1개

혼합 향신료용
- 찧어둔 생강 2티스푼
- 빻아둔 커민 1티스푼
- 찧어둔 고수 2티스푼
- 빻아둔 시나몬 1티스푼
- 빻아둔 백후추 1티스푼
- 빻아둔 올스파이스* 1/2티스푼
- 빻아둔 강황 1/2 테이블스푼

모든 혼합 향신료 재료를 섞은 후 한쪽에 놓아두자.

오븐을 섭씨 200도(팬 섭씨 180도/ 가스 마크 6)로 예열한다.

피망과 양파를 베이킹 트레이에 올려놓고 저칼로리 쿠킹 스프레이를 뿌린 후 소금과 후추로 간한다.

각 연어 살코기에 혼합 향신료를 입히고 베이킹 트레이에 얹어둔 채소 위에 올려놓는다. (남은 혼합 향신료는 다음에 쓰기 위해 밀폐 용기에 담아 보관해둘 수도 있다.)

레몬을 긴 쪽으로 반을 잘라 그 반쪽 중 한 개를 8등분으로 썰어준다. 각 연어 도막에 레몬 두 조각씩을 얹고 약간의 소금으로 간하자. 남은 레몬 반쪽은 즙을 내 생선 위에 뿌린다.

오븐에 넣고 20분 동안 또는 생선이 익을 때까지 조리한다.

오븐에서 꺼내 양념한 생선 살코기를 구워진 채소와 함께 내놓자.

* 시나몬과 넛맥, 정향, 향나무, 후추를 혼합한 톡 튀는 나무 향 뒤에 잔잔하고 달콤한 바닐라 향이 따뜻하게 감싸 안아주는 향신료

훈제 연어와 브로콜리 키슈
SMOKED SALMON AND BROCCOLI QUICHE

🕐 **5분** | 🗑 **30~35분** | 🔥 **137칼로리** 1회 제공량

브로콜리와 훈제 연어의 아름답고 섬세한 조합은 이 단백질 풍부한 키슈에서 제대로 빛을 발한다. 약간의 양념과 넉넉하게 뿌려 올린 파는 요리에 환상적인 풍미를 더해 몇 번이고 다시 만들어 보고픈 요리를 완성한다.

───────────── 매일매일 가볍게 ─────────────

6인분

- 중간 크기 브로콜리 1송이(줄기는 제외하고 머리 부분을 작은 송이로 잘라둔 것)
- 저칼로리 쿠킹 스프레이
- 파 2쪽(손질해서 잘게 다져둔 것)
- 큰 달걀 8개
- 크박 치즈[1] 2테이블스푼
- 천일염과 갓 빻아둔 후추
- 훈제 연어 4~6장(작게 도막 내둔 것)

오븐을 섭씨 200도(팬 섭씨 180도/ 가스 마크 6)로 예열한다.

브로콜리 머리 부분을 3~4분 동안 찌거나 끓인 후 키친타월로 톡톡 두들겨 물기를 닦아내고 식히기 위해 한쪽에 놓아두자.

프라이팬에 약간의 저칼로리 쿠킹 스프레이를 뿌리고 중불에 올려놓은 후 파를 넣고 부드러워질 때까지 2~3분간 볶아준다.

중간 크기의 볼에 달걀과 크박 치즈 그리고 소금과 후추를 각각 한 꼬집씩 넣고 뭉침 없이 부드러워질 때까지 저어준다.

브로콜리, 훈제 연어, 파를 20cm 원형 실리콘 몰드[2] 또는 플랜 디시[3]에 넣고 여기에 달걀 혼합물을 부어준다. 오븐에서 20~25분 동안 또는 굳어질 때까지 그리고 윗부분이 노릇노릇해질 때까지 굽자.

오븐에서 꺼내 따뜻한 상태로 내놓거나 식혀서 내놓는다.

Tip

핀치 오브 넘의 가장 인기 있는 크박 치즈는 요리에 풍부한 크림 맛을 더해주는 부드러운 식감의 연질 치즈인 데다 저지방이기까지 하다.

[1] 독일산 저지방 치즈
[2] 유연성 좋은 실리콘 재질의 빵 굽는 틀
[3] 케이크/타르트 굽는 용기

코로네이션 치킨
CORONATION CHICKEN

🕐 **10분** | 🍲 **요리할 필요 없음** | 🔥 **329칼로리** 1회 제공량

영국의 정통 요리인 코로네이션 치킨은 엘리자베스 2세 여왕의 대관식을 위해 준비되었기 때문에 그 후 코로네이션 coronation [1] 치킨으로 알려져왔다. 보통 크렘 프레슈 Crème fraiche [2] 가 담뿍 담긴 전통 레시피는 포화 지방과 칼로리가 높으나 여기선 크박 치즈와 무지방 요거트를 썼기 때문에 저칼로리에 맛있고 크리미한 맛을 재현할 수 있다.

주간 식도락

2인분

- 크박 치즈 50g
- 무지방 천연 요거트 100g
- 단단한 망고 60g(갈아둔 것)
- 신선한 살구 2개(씨를 바르고 껍질을 벗긴 후 잘게 다져둔 것)
- 굵은 입자의 감미료 조금
- 순한 카레 가루 1티스푼
- 파 1쪽(손질해서 잘게 썰어둔 것)
- 마늘 가루 조금
- 천일염과 갓 빻아둔 후추
- 익혀둔 닭가슴살 250g(껍질과 눈에 띄는 지방은 제거하고 깍둑썰기해둔 것)
- 얇게 썰어둔 갈색 빵(취향에 따른 내놓기용)

크박 치즈와 요거트를 볼에 넣고 섞은 후 갈아놓은 망고, 살구, 감미료, 카레 가루, 파의 절반, 마늘 가루를 넣는다. 소금과 후추로 간하고 잘 섞어준 후 여기에 익혀둔 닭가슴살을 넣는다. 잘 저어주면서 맛을 본 후 필요한 경우 소금을 좀 더 넣어주자.

잘게 썰어둔 남은 파를 닭 위에 뿌린 후 내놓는다.

---

[1] 대관식

[2] 갓 짜낸 우유에서 얻은 모든 종류의 크림을 가리키는 말

Made the
RAINBOW
COUSCOUS
tonight

so simple *and* really

DELICIOUS

오늘밤 레인보우 쿠스쿠스를 만들어봤다! 초간단하고 끝내주는 맛이다!   리사

"

블루 치즈 소스와 대파를 곁들인
치킨을 만들어봤다.
그야말로 누워서 떡 먹기에
최고의 맛이다!

샤를린

치킨 텐더는 성공적이었다.
건강한 음식이라면 손사래 치던 남편도
치킨 텐더를 너무 좋아했다.

쟈라

오리와 오렌지 샐러드

DUCK AND ORANGE SALAD

🕐 5분 | 🍲 20분 | 🔥 338칼로리 1회 제공량

풍미 넘치는 이 조합은 진정한 정통식이지만 초보자가 도전하기엔 어려워 보일 수도 있다. 하지만 이 조리법은 정말 간단하면서도 오리 가슴살의 풍부한 맛과 오렌지의 새콤한 맛을 선사해준다. 발사믹 식초는 맛있고 손쉬운 저녁 식사를 위한 풍미의 균형을 맞추는 데 제 역할을 톡톡히 한다.

매일매일 가볍게

2인분

- 저칼로리 쿠킹 스프레이
- 햇감자 100g (얇게 썰어둔 것)
- 중국5향신료 1/2티스푼
- 오리 가슴살 1쪽을 반으로 길게 잘라둔 것 (껍질과 눈에 띄는 지방은 제거해둔 것)
- 천일염과 갓 빻아둔 후추
- 큰 오렌지 2개 (껍질을 벗겨 즙이 있는 채로 썰어둔 것)
- 발사믹 식초 4테이블스푼
- 샐러드 잎 (원하는 만큼!)

Tip
쓰거나 매콤한 맛을 지닌 혼합 잎(물냉이나 루콜라)은 특히 이 요리에 제격이다.

오븐을 섭씨 200도(팬 섭씨 180도/ 가스 마크 6)로 예열한다.

베이킹 트레이에 저칼로리 쿠킹 스프레이를 뿌리고 얇게 썬 감자를 펼쳐놓자. 감자에 저칼로리 쿠킹 스프레이를 뿌린 후 중국5향신료를 뿌리자. 오븐에 넣고 10분 동안 조리한다.

그러는 동안 작은 프라이팬에 저칼로리 쿠킹 스프레이를 뿌리고 약불에 올려놓는다. 오리 가슴살을 간하고 7분 동안 정말 노릇노릇해질 때까지 구운 후 뒤집어서 다른 쪽을 다시 6분 동안 굽자.

오븐에 10분 동안 구운 감자를 뒤집은 후 저칼로리 쿠킹 스프레이를 조금 더 뿌리고 노릇노릇해질 때까지 다시 오븐에 넣어 10분간 더 굽는다.

프라이팬에서 오리 가슴살을 꺼내 한쪽에 놓아두자.

썰어둔 오렌지의 반을 즙이 있는 채로 프라이팬에 넣고 여기에 발사믹 식초를 뿌린다. 소금과 후추로 간하고 중불로 줄인 후 3~4분간 조리하자. 이렇게 하면 약간 걸쭉한 드레싱이 남는다.

오리 가슴살은 얇게 저며준다. 이때 중간 부분은 약간 분홍색이어야 한다. 샐러드 잎과 썰어둔 감자를 오리 가슴살과 나머지 신선한 오렌지 조각들과 함께 접시에 담자.

드레싱을 조금 부어 내놓는다.

치킨 텐더
CHICKEN DIPPERS

🕐 **10분** | 🗑 **20분** | 🔥 **287칼로리** 1회 제공량

이 요리는 어느 가족에게나 인기 만점의 요리다. 통밀빵 빵가루와 튀기지 않고 구워 낸 닭고기를 사용하는 이 레시피는 미각이 예민한 젊은 사람들을 위한 완벽한 건강 대체 조리법이 될 것이다. 이 치킨 텐더는 너무나도 맛있고 바삭바삭해 기존의 튀김 레시피와 비교해도 전혀 손색이 없을 것이다.

│ **주 간 식 도 락** │

글루텐없는빵가루 ↗

4인분

- 통밀빵 240g (신선도가 조금 떨어진 빵이 제격이다)
- 마늘 소금 1/2티스푼
- 마늘 과립 1/2티스푼
- 훈제 스위트 파프리카 1/2티스푼
- 말린 오레가노 1/2티스푼
- 큰 달걀 1개
- 닭가슴살 4쪽 (껍질과 눈에 띄는 지방은 제거하고 토막 내둔 것)
- 저칼로리 쿠킹 스프레이
- 약간의 스리라차[1] 소스와 섞은 저지방 마요네즈 (취향에 따른 내놓기용으로 준비해둘 것)

오븐을 섭씨 190도(팬 섭씨 170도/ 가스 마크 5)로 예열하고 베이킹 양피지로 두 개의 오븐용 베이킹 시트[2]의 안을 죽 두른다.

미니 전기 분쇄기나 푸드 프로세서로 빵을 가루 형태로 갈아준다. 빵가루를 깊은 통이나 볼에 넣고, 마늘 소금, 마늘 과립, 파프리카, 오레가노를 넣어 골고루 섞어주자. 얕은 접시에 달걀을 휘저어 풀어준다.

토막 내둔 닭고기를 달걀에 담갔다가 빵가루에 넣어 빵가루를 완전히 입힌 후 두 개의 베이킹 시트 중 하나에 올려놓는다. 이런 식으로 각기 토막 내둔 닭고기에 빵가루를 입혀주자. (이때 다음에 쓰기 위해 빵가루를 입힌 닭고기를 냉동해둘 수도 있다.)

토막 내어 빵가루를 입힌 닭고기에 저칼로리 쿠킹 스프레이를 뿌린 후 오븐에 넣어 10분간 구워준다. 오븐에서 꺼낸 닭고기를 뒤집은 다음 한 번 더 저칼로리 쿠킹 스프레이를 뿌린 뒤 다시 오븐에 넣어 겉이 노릇노릇하고 바삭바삭해질 때까지 10분간 조리한다.

뜨거운 상태로 취향에 따라 찍어 먹을 것과 함께 내놓자. 마요네즈를 곁들인 스리라차를 추천한다.

---

[1] 매콤하면서도 신맛이 나는 소스
[2] 주로 알루미늄 소재의 옆면이 나지막한 직사각형 팬으로 쿠키, 케이크 및 틀이 필요 없는 페이스트리를 만들 때 사용

샥슈카
SHAKSHUKA

🕐 **10분** | 🍲 **25분** | 🔥 **242칼로리** 1회 제공량

이 북아프리카 요리는 토마토 베이스로 양파, 마늘, 피망을 넣고 수란을 띄운 요리로 약간 매콤한 맛에 칼로리는 낮춘 편안한 가정용 식단이다. 내놓을 때 햇감자와 녹색 채소를 곁들여도 좋고, 가벼운 끼니로 요리 자체만 내놓아도 좋다.

───────── 매일매일 가볍게 ─────────

2인분

- 저칼로리 쿠킹 스프레이
- 양파 1개(얇게 썰어둔 것)
- 빨간 피망 1개(씨를 발라 얇게 썰어둔 것)
- 노란 피망 1개(씨를 발라 얇게 썰어둔 것)
- 마늘 2쪽(잘게 다지거나 갈아둔 것)
- 빻아둔 커민 1/2티스푼
- 순한 칠리 파우더 1/4티스푼
- 다진 토마토 또는 방울토마토 400g짜리 통조림 1개
- 굵은 입자의 감미료 조금
- 레몬즙 1티스푼
- 시금치 100g
- 천일염과 갓 빻아둔 후추
- 잘게 썬 신선한 파슬리나 고수 한 줌
- 중간 크기 달걀 4개
- 치즈 브로콜리 Kickin' Cheesy Broccoli (210면 참조, 취향에 따른 내놓기용)

큰 프라이팬에 저칼로리 쿠킹 스프레이를 뿌린 후 중불에 올려놓는다.

양파와 피망을 넣고 부드러워지기 시작할 때까지 4~5분간 조리하자. 이때 마늘을 넣고 4~5분간 더 조리한다(이 과정은 총 8~10분이 소요된다). 여기에 커민과 칠리 파우더를 넣고 1분 정도 저어준 후 다시 토마토, 감미료, 레몬즙을 넣고 저어준다. 이따금씩 저어주며 2분간 더 조리한다.

시금치를 넣고 저어주면서 불을 약불로 낮춘 다음 뚜껑을 덮고 5분간 조리한다. 이어 소금과 후추로 간한다.

토마토 혼합물 위에 파슬리나 고수의 반을 뿌려준 뒤 4개의 우물 모양을 만들어 각 우물마다 달걀을 깨뜨려 넣는다. 달걀에 약간의 소금과 후추를 뿌리고 뚜껑이나 호일로 덮은 다음 약불에 올려놓은 후 달걀의 익은 정도가 걸쭉하길 원한다면 8~10분간 끓이거나, 단단해지게 하고 싶을 경우 좀 더 끓인다.

불에서 내리고 남은 파슬리나 고수를 뿌린 후 내놓자.

페스토 파스타

P E S T O   P A S T A

🕐 5분 | 🗑 15분 | 🔥 241칼로리 1회 제공량

맛있고 따뜻한 파스타 요리는 기분이 꿀꿀한 날 완벽한 처방전이다. 못 믿겠는가? 그렇담 이 놀라운 레시피를 한번 시도해보자! 페스토*가 고칼로리 음식처럼 느껴지겠지만 오일 대신 신선한 허브를 써보면, 칼로리는 최소화하면서도 환상적인 맛을 재현할 수 있다.

매일매일 가볍게

4인분

· 건파스타면 320g
· 신선한 바질 60g
· 신선한 차이브 10g
· 신선한 파슬리 5g
· 마늘 2쪽(껍질을 벗겨둔 것)
· 파르메산 치즈 5g
· 천일염과 갓 빻아둔 후추
· 루콜라(취향에 따른 내놓기용)

큰 팬에 물을 담아 끓이자. 포장에 적힌 안내 문구에 따라 파스타를 넣어 조리한다.

그러는 동안 다른 모든 재료를 미니 전기 분쇄기나 푸드 프로세서에 넣어 허브 잎들이 곱게 다져질 때까지 갈아준다.

여기에 파스타 끓인 물(4테이블스푼)을 넣어주고 다시 간 후 소금과 후추로 간하자. 그러면 윤기 있고 밝은 녹색의 페스토를 만들 수 있다.

파스타가 익으면 물기를 빼고 따뜻한 팬에 다시 넣는다.

불을 끄고 페스토를 파스타에 넣어 저어준 후 따뜻한 채로 내놓자.

Tip

더 오래 보관하려면 페스토를 아이스 큐브 트레이에 넣고 냉동해 둘 수도 있다. 이 페스토는 쓰임새가 매우 다양하며 고기, 생선 또는 채소와 완벽한 궁합을 이룬다.

*다양한 재료를 갈아서 만드는 소스류를 통칭하는 이탈리아 말

농어구이와 미소 리소토
SEA BASS AND MISO RISOTTO

🕐 **5분** | 🍲 **25분** | 🔥 **333칼로리** 1회 제공량

농어는 미묘한 맛을 선보이는 좋은 생선이지만 동시에 다른 재료로 인하여 풍미가 쉽게 사라질 수 있다. 하지만 이 부드러운 미소 리소토는 농어와 완벽한 궁합을 자랑한다. 미소는 요리에 풍미를 돋우면서도 주요리인 생선의 자리를 빼앗지 않기 때문이다.

───────────────┤ 주 간 식 도 락 ├───────────────

4인분

- 저칼로리 쿠킹 스프레이
- 큰 양파 1개(얇게 다진 것)
- 마늘 1쪽(찧어둔 것)
- 아르보리오 리소토 라이스* 200g
- 생선 또는 채소 육수 900ml
  (생선 또는 채소 육수 큐브 1개를 900ml 끓는 물에 넣어둔 것)
- 냉동 완두 100g
- 화이트 미소 된장 1티스푼
- 농어 살코기 4도막

큰 프라이팬에 저칼로리 쿠킹 스프레이를 뿌리고 약불에 올려놓는다. 양파와 마늘을 넣고 부드럽지만 노릇노릇해지진 않을 정도로 2분간 조리한다. 여기에 리소토 라이스를 넣고 저어주자.

프라이팬에 300ml의 육수를 붓고 거의 다 증발해버릴 때까지 10분간 자주 저어준 후 300ml의 육수를 더 넣고 계속 저어준다. 육수가 거의 다 증발해버렸을 때쯤 마지막 남은 300ml의 육수를 넣고 불을 중불로 올리자. 여기에 냉동 완두와 미소 된장을 넣고 잘 저어가며 10분간 더 조리한다.

그러는 동안 별도의 프라이팬에 저칼로리 쿠킹 스프레이를 뿌리고 센 불에 올려놓자. 농어 살코기를 껍질이 아래쪽으로 가도록 넣고 4분간 조리한 후 뒤집어서 1분 30초간 더 조리하거나 생선이 다 익을 때까지 조리한다.

이쯤 되면 리소토 라이스는 부드러워지지만 살짝 씹히는 맛은 남아 있어야 한다. 4개의 접시에 리소토를 담고 그 위에 농어구이를 얹자.

Tip
좀 더 매콤한 자극을 원할 경우 농어 위에 스리라차 소스를 조금 뿌려보는 것도 괜찮다.

* 이탈리아의 대표적 쌀 요리인 리소토를 만들 때 주로 사용하며 다른 쌀보다 길이가 짧고 통통한 것이 특징

블루 치즈 소스와 대파를 곁들인 치킨

CHICKEN AND LEEKS IN BLUE CHEESE SAUCE

🕐 5분 | 🍲 25분 | 🔥 **214칼로리** 1회 제공량

근사한 훈제 블루 치즈는 어떤 요리에든 짜릿한 풍미를 더해준다. 아울러 이 치킨 레시피의 소스는 재료를 센스 있게 조합해 고칼로리 요리로 느껴지게 할 것이다. 맛있고 푸짐한 이 요리를 한번 맛보고 나면 곧바로 가족의 인기 넘버원 요리가 될 것이다.

─────── │ 주 간 식 도 락 │ ───────

글루텐없는 육수 큐브사용
↑

4인분

- 닭가슴살 4쪽(껍질과 눈에 띄는 지방은 제거해둔 것)
- 천일염과 빻아둔 후추
- 저칼로리 쿠킹 스프레이
- 대파 2쪽(손질하고 씻어서 두툼하게 썰어둔 것)
- 닭고기 육수 300ml(닭고기 육수 큐브를 300ml 물에 넣고 끓여둔 것)
- 저지방 크림치즈 75g
- 덴마크산 블루 치즈 35g
- 굵게 으깬 감자 Lazy Mash(212면 참조, 취향에 따른 내놓기용)

오븐을 섭씨 200도(팬 섭씨 180도/ 가스 마크 6)로 예열한 후 베이킹 양피지로 베이킹 트레이 안을 죽 두르자.

닭가슴살을 베이킹 트레이에 올려놓고 소금으로 간한 후, 오븐에서 20~25분간 또는 닭가슴살이 익을 때까지 조리한다.

그러는 동안 프라이팬에 저칼로리 쿠킹 스프레이를 뿌린 후 대파를 넣고 중불에서 5분간 조리하면서 질감은 부드러워도 색깔은 바뀌지 않도록 자주 저어준다. 프라이팬에 육수를 붓고 펄펄 끓기 시작하면 온도를 낮춘다. 액체가 반으로 줄어들 때까지 뭉근히 끓인 후 크림치즈를 넣고 저어준 다음 덴마크산 블루 치즈를 바스러뜨려 넣자. 소스가 걸쭉해지기 시작할 때까지 몇 분간 끓여준다.

닭고기를 확인해 다 익었으면 닭가슴살을 각각 접시에 담고 그 위에 소스를 골고루 얹어 내놓는다.

취향에 따라 곁들일 것과 함께 내놓자. 굵게 으깬 감자 Lazy Mash를 곁들이길 권한다(212면 참조).

옻나무 양갈비
SUMAC LAMB CHOPS

🕐 5분 | 🗑 10~15분 | 🔥 **475칼로리** 1회 제공량

슈맥[1]은 자주 보이는 재료는 아니다. 하지만 톡 쏘는 레몬 맛을 지닌 이 다재다능한 향신료는 고기, 특히 양고기에 환상적인 양념이다. 테이크아웃 전문 레스토랑 요리에 버금가는 맛을 내는 이 근사한 양갈비는 화창한 휴일, 꿀맛 같은 휴식을 꿈꾸며 맛있는 잔치용 음식으로 병아리콩을 넣은 간편 필래프 라이스Easy Pilaf Rice with Chickpeas(209면 참조)와 곁들여 낼 만할 뿐 아니라 바비큐로도 안성맞춤이다.

———————————— ┤ 특별한 날 ├ ————————————

4인분

- 말린 오레가노 1티스푼
- 빻아둔 커민 1티스푼
- 빻아둔 시나몬 조금
- 슈맥 1티스푼
- 천일염 조금
- 무지방 그릭 요거트 100g
- 토마토 퓌레 1티스푼
- 양갈비 8쪽(껍질과 눈에 띄는 지방은 제거해둔 것)

논 리엑티브 볼[2]에 모든 재료(양갈비 제외)를 넣고 섞어준 후 양갈비를 넣는다.

볼 뚜껑을 덮고 냉장고에 적어도 1시간 동안 넣어 차갑게 두자. 하지만 하룻밤 재워두는 쪽이 더 권장할 만하다. (양념한 양고기를 나중에 쓰기 위해 밀폐 용기에 넣어 냉동해둘 수도 있다.)

음식을 내놓기 15분 전에 냉동실에서 양갈비를 꺼내 상온에 두자. 바비큐 그릴에 직접 굽거나 오븐용 그릴을 최대한 예열하자.

양갈비의 양면이 익을 때까지 구워준다. 참고로 고기는 약간 레어로 익히기를 권한다. 조리 시간은 양갈비의 두께에 따라 달라지겠지만, 보통 앞뒤 각 면을 굽는 데 5~7분이 소요된다.

Tip
양갈비는 구운 레몬과 함께 낼 수도 있다. 구운 레몬은 바비큐용 그릴이나 뜨거운 그리들 팬[3]에 레몬을 반으로 자른 면이 밑으로 가도록 놓고 5분간 조리하면 된다.

[1] 옻나무 잎을 말려 만든 가루
[2] 안에 놓인 음식과 화학적 반응을 하지 않는 물질로 만든 우묵한 그릇
[3] 열을 균등하게 분배하는 매끄러운 표면을 지닌 팬으로 팬케이크나 크레페, 베이컨 등을 요리하기에 적합하다

콜드 아시안 누들 샐러드
COLD ASIAN NOODLE SALAD

🕐 **15분** | 🍲 **3~5분** | 🔥 **163칼로리** 1회 제공량

톡 쏘는 이 신선한 샐러드는 주요리에 곁들여도 찰떡궁합이지만, 가벼운 한 끼 식사에도 제격이다. 스리라차 소스는 칼칼함을 더해주며, 일상 재료가 아닌 피쉬 소스는 정통 아시아 요리의 풍미를 더해준다. 그 맛은 가히 입맛이 다셔질 정도로 끝내준다!

--- **매일매일 가볍게** ---

글루텐없는 간장사용

GF

4인분

드레싱용
- 백미 식초 2테이블스푼
- 라임 1개 즙 내둔 것
- 피쉬 소스 1과 1/2테이블스푼
- 굵은 입자의 감미료 또는 설탕 1티스푼
- 스리라차 소스(취향에 따른 내놓기용 여분으로 조금 더 준비해둘 것) 2~3방울
- 연한 간장 1티스푼

샐러드용
- 얇은 쌀국수 50g짜리 2팩(얇은 달걀 국수를 쓸 수도 있지만 이 레시피는 쌀국수와 궁합이 더 잘 맞다)
- 익히지 않은 슈거 스냅 피 150g(통째로 두거나 세로로 얇게 썰어둔 것)
- 중간 크기 당근 2개(얇은 토막으로 길게 썰어둔 것)
- 빨간 피망 1개(씨를 발라 얇게 썰어둔 것)
- 파 6쪽(손질해서 다져둔 것)
- 신선한 민트 한 줌(다져둔 것)
- 신선한 고수 반 줌(다져둔 것)

쌀국수는 포장에 적힌 안내 문구에 따라 조리한 후 익으면 찬물에 헹궈 물기를 뺀다.

모든 드레싱 재료를 라미킨에 담아 설탕이나 감미료가 녹을 때까지 섞어준다.

모든 샐러드 재료를 볼에 담고 여기에 물기를 뺀 국수와 드레싱을 넣어 잘 섞은 후 내놓자.

크림 마늘 치킨
CREAMY GARLIC CHICKEN

🕐 **10분** | 🍲 **20분** | 🔥 **187칼로리** 1회 제공량

이 크림 마늘 치킨 레시피는 진하고 풍미가 넘치지만 크림치즈 근처에는 얼씬도 하지 않는다! 저지방 크림치즈를 대체해 쓴다는 건 이처럼 맛있는 음식을 만들면서도 크림을 토대로 한 전통 음식의 칼로리를 줄일 효과적인 방법이다. 이 요리는 특별한 한 끼처럼 보일 뿐 아니라 만들기도 매우 간단하다. 내놓을 땐 쌀, 파스타, 칩, 감자 또는 취향에 따라 다양하게 곁들여보자.

| 주 간 식 도 락 |

글루텐없는 육수 큐브사용

F **GF**

4인분

- 닭가슴살 또는 넓적다리살 400g(껍질과 눈에 띄는 지방은 제거하고 토막 내둔 것)
- 천일염과 갓 빻아둔 후추
- 저칼로리 쿠킹 스프레이
- 화이트 와인 식초 1티스푼
- 우스터소스 1테이블스푼
- 고기 육수 400ml(소고기 육수 큐브 1개를 400ml 끓는 물에 넣고 닭고기 스톡팟 1개와 섞어둔 것)
- 양파 1개(얇게 썰어둔 것)
- 작은 크기의 양송이버섯 250g (얇게 썰어둔 것)
- 마늘 3쪽(얇게 썰거나 찧어둔 것)
- 디종 머스터드[1] 1티스푼
- 저지방 크림치즈 175g

내놓기용
- 신선한 차이브(얇게 썰어둔 것)
- 훈제 스위트 파프리카(취향에 따라)

토막 내둔 닭고기에 소금과 후추로 약하게 간하고 한쪽에 놓아두자.

큰 프라이팬에 저칼로리 쿠킹 스프레이를 뿌린 후 중불에 올려놓는다.

닭고기를 프라이팬에 올려 모든 면적을 살짝 익힌 후 한쪽에 놓아두자.

프라이팬을 중불에 올려놓고 우스터소스와 레드 와인 식초를 넣어 디글레이즈[2]한 후, 바닥의 노릇노릇해진 부분을 긁어준다. 이때 필요한 경우 육수 중 일부를 써서 긁어주자. 대부분 액체가 증발할 때 프라이팬에 저칼로리 쿠킹 스프레이를 뿌린다. 여기에 양파, 버섯, 마늘을 넣고 노릇노릇해지기 시작할 때까지 5분 동안 볶아준 후 디종 머스터드를 넣고 저어주면서 1~2분간 조리한다. 프라이팬에 육수를 넣고 내용물이 반으로 줄어들 때까지 약한 불에 끓이다가 불을 더 줄인 뒤 크림치즈를 넣고 덩어리진 게 없도록 저어주자.

미리 준비해둔 닭고기를 프라이팬에 다시 넣고 잘 저어가며 익을 때까지 5~10분 동안 약한 불에서 졸여준다. 소스가 너무 걸쭉해진 듯하면 원하는 농도에 도달할 때까지 물을 조금 더 넣어주자.

그 위에 취향에 따라 얇게 썰어둔 차이브와 훈제 스위트 파프리카 가루를 뿌린다.

---

[1] 프랑스 부르고뉴 디종에서 처음 만들어진 머스터드로 머스터드 중에서도 단연 최고로 꼽힘

[2] 조리 후 냄비의 바닥에 붙어 있는 즙에 와인 혹은 다른 액체를 넣어 소스를 만들거나 녹이는 과정

케이준 더티 라이스

CAJUN DIRTY RICE

🕐 10분　|　🍳 30분　|　🔥 291칼로리 1회 제공량

이 레시피는 우리에게 '바이럴(온라인 입소문)'의 경험을 처음 안겨주었다. 이 레시피를 담은 동영상은 현재 520만 뷰를 기록하고 있다! 처음 이 동영상을 페이스북에 올릴 때만 해도 과연 얼마나 많은 사람이 '핀치 오브 넘'을 활용하기 시작할지 전혀 예상하지 못했다. 하지만 이제 수천 명이 써보고 검증한 이 레시피는 쉽고 빠른 요리의 대명사로 통한다.

매일매일 가볍게

글루텐없는 육수 큐브사용

4인분

- 바스마티 라이스(인도식 쌀밥) 200g
- 월계수 잎 1장
- 닭고기 육수 큐브 1개
- 저칼로리 쿠킹 스프레이
- 5% 지방이 함유된 다진 소고기 400g
- 양파 반 개(잘게 다져둔 것)
- 베이컨 메달리온 4장(깍둑썰기해둔 것)
- 케이준 양념 2티스푼(또는 맛내기용 여분으로 조금 더 준비해둘 것)
- 우스터소스 조금
- 중간 크기 당근 1개(잘게 다져둔 것)
- 버섯 6개(얇게 썰어둔 것)
- 빨간 피망 반 개(씨를 바르고 껍질을 벗긴 후 잘게 다져둔 것)
- 노란 피망 반 개(씨를 바르고 껍질을 벗긴 후 잘게 다져둔 것)
- 초록 피망 반 개(씨를 바르고 껍질을 벗긴 후 잘게 다져둔 것)
- 소고기 육수 200ml(소고기 스톡팟 1개를 200ml 물에 넣고 끓여둔 것)
- 파 작은 단(손질해서 얇게 썰어둔 것)

조리하기에 앞서 물에 월계수 잎과 닭고기 육수 큐브를 넣고, 포장에 적힌 문구에 따라 밥을 지어준다. 일단 밥이 되면 한쪽에 놓아두자.

프라이팬에 저칼로리용 쿠킹 스프레이를 뿌리고 중불에 올려놓는다. 다진 소고기, 양파, 베이컨을 넣고 3~4분 동안 노릇노릇해질 때까지 저어준다. 케이준 양념과 우스터소스를 넣고 저어주다가 당근, 버섯, 피망을 넣고 소고기 육수를 붓는다. 피망이 부드러워지기 시작할 때까지 3~4분간 조리한다.

프라이팬에 밥과 파를 넣고 밥알에 내용물이 전체적으로 잘 스며들도록 중불에서 저어준다. 맛을 보고 취향에 따라 더 매콤한 걸 원하면 케이준 양념을 좀 더 넣은 후 내놓자.

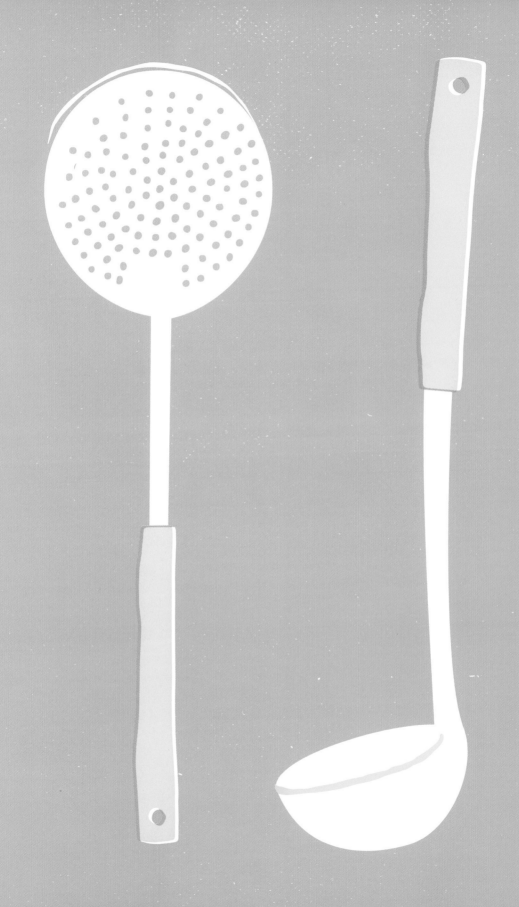

CHAPTER 4

스트 & 수프

채소 타진

VEGETABLE TAGINE

🕐 **10분** | 🗑 **50분** | 🔥 **140칼로리** 1회 제공량

근사한 모로코의 인기 음식인 타진은 만들기 쉬운 감동적인 요리다. 곁들여 낼 음식을 만드는 동안 말린 살구와 혼합 향신료가 진정한 풍미를 더해주는 모로코 향으로 집안을 가득 메워보자. 그야말로 맛이 일품이다!

─────── 매일매일 가볍게 ───────

글루텐없는 육수 큐브사용 ↗

4인분(넉넉하게)

- 저칼로리 쿠킹 스프레이
- 큰 당근 1개(뭉텅뭉텅 썰어둔 것)
- 스웨덴 순무 100g(껍질을 벗겨 뭉텅뭉텅 썰어둔 것)
- 파스닙 100g(껍질을 벗겨 뭉텅뭉텅 썰어둔 것)
- 샬롯 6개(껍질 벗겨 길게 2등분해둔 것)
- 피망 2개(씨를 바르고 깍둑썰기해둔 것)
- 버터넛 스쿼시(땅콩 호박) 150g(껍질을 벗기고 씨를 바른 후 뭉텅뭉텅 썰어둔 것)
- 마늘 2쪽(찧어둔 것)
- 모로코 혼합 향신료 1테이블스푼
- 잘게 썬 토마토 통조림 400g짜리 1개
- 채소 육수 250ml(채소 육수 큐브 1개를 250ml 물에 넣고 끓여둔 것)
- 말린 살구 60g(2등분해둔 것)
- 병아리콩 통조림 400g짜리 1개(물기를 빼고 소금으로 헹궈둔 것)

- 소금
- 신선한 고수 작게 한 줌 (잘게 썰어둔 것)

모로코 혼합 향신료용
- 찧어둔 생강 2티스푼
- 찧어둔 커민 1티스푼
- 찧어둔 고수 2티스푼
- 빻아둔 시나몬 1티스푼
- 빻아둔 백후추 1티스푼
- 올스파이스 1/2티스푼
- 빻아둔 강황 1/2테이블스푼

모든 혼합 향신료 재료를 볼에 넣어 섞은 후 한쪽에 놓아두자.

무쇠 주물 팬처럼 크고 무거운 프라이팬에 저칼로리 쿠킹 스프레이를 뿌리고 중불에서 센 불 사이에 올려놓는다. 채소를 넣고 약간 노릇노릇해질 때까지 5분간 조리하자(채소의 양을 가늠해서 몇 번으로 나누어 조리해야 할 수도 있다).

모든 채소가 노릇노릇해질 때 (채소를 몇 번으로 나누어 조리한 경우) 다시 나머지 채소를 프라이팬에 전부 넣고 마늘을 첨가한 다음 몇 분 더 조리한다. 여기에 모로코 혼합 향신료를 넣고 몇 분간 저은 후(남은 양념은 다음에 쓰기 위해 밀폐 용기에 담아두자), 잘게 썰어둔 토마토와 육수를 넣고 저어준다. 불을 줄여 끓이다 말린 살구를 넣고 약한 불에서 이따금 저어주며 40분 동안 더 조리한다.

병아리콩을 넣고 저어주다가 다시 5분간 조리한 후 맛을 보고 필요한 경우 소금으로 간하자.

그 위에 잘게 찧어둔 고수를 뿌려 내놓는다.

캠프파이어 스튜

CAMPFIRE STEW

🕐 **30분** | 🍲 **조리도구에 따라 다름** 아래 참조 | 🔥 **409칼로리** 1회 제공량

때때로 집에 돌아와 따뜻하고 푸짐한 끼니를 먹는 것보다 더 좋은 일은 없다. 이럴 때 제격인 요리가 바로 스모키 캠프파이어 스튜다. 이 스튜는 핀치 오브 넘의 정통 요리로서 지방함량이 적은 돼지 뒷다리살 살코기가 부드럽게 찢어지게끔 조리할 수 있도록 오븐, 압력솥, 전기 찜솥 사용법을 여기에 모두 설명해놓았다. 이 얼마나 신나는 일인가!

주 간 식 도 락

4인분

- 돼지 뒷다리살 1개 750g(눈에 띄는 지방은 모두 제거해둔 것)
- 피망 3개(다양한 색, 씨를 발라 잘게 썰어둔 것)
- 양파 2개(잘게 다져둔 것)
- 마늘 3쪽(찧어둔 것)
- 훈제 스위트 파프리카 1티스푼
- 빻아둔 커민 1티스푼
- 찧어둔 고수 1티스푼
- 구운 콩 통조림 415g짜리 1개
- 잘게 다진 토마토 통조림 400g짜리 1개
- 강낭콩 400g짜리 1개
  (헹궈서 물기를 빼둔 것)
- 셀러리 줄기 1대(잘게 썰어둔 것)
- 큰 당근 2개(잘게 썰어둔 것)
- 양송이버섯 6~8개(2등분해둔 것)
- 토마토 퓌레 2테이블스푼
- 말린 칠리 플레이크 한 꼬집
- 우스터소스 1테이블스푼
- 핫소스 조금

오븐 사용법
🍲 **3시간**

돼지 뒷다리살을 (필요한 경우) 차가운 물에 밤새 담가두었다가 물기를 뺀 뒤 헹궈낸다.

오븐을 섭씨 190도(팬 섭씨 170도/ 가스 마크 5)로 예열하자. 얇게 썰어둔 피망의 절반은 한쪽에 놓아두고 (헹군 뒷다리살을 포함해) 남은 재료를 전부 캐서롤 냄비*에 넣어 잘 저은 후 딱 맞는 뚜껑으로 덮어둔다.

30분 정도마다 저어주면서 2~3시간 동안 오븐에서 조리한다. 이때 냄비에 들어 있는 수분이 충분한지 확인하자. 2~3시간 후면 고기가 결에 따라 찢어지기 시작하고 소스는 걸쭉해지기 시작할 것이다. 뚜껑을 열고 원하는 경우, 소스가 더 걸쭉해지도록 몇 분간 더 조리를 계속한다.

고기가 부드럽게 결에 따라 찢어지지 않으면 포크 두 개를 사용해 캐서롤 냄비에서 잘게 찢은 후 잘 섞어준다. 조리가 끝나기 약 15분 전에 남겨둔 피망을 넣고 저어준 후 내놓자.

---

* 요리한 채 식탁에 놓는 유리나 도기제의 냄비

압력솥 사용법 | 전기 찜솥 사용법 →

압력솥 사용법

🍲 45분

돼지 뒷다리살을 (필요한 경우) 차가운 물에 밤새
담가두었다가 물기를 뺀 뒤 헹궈낸다.

얇게 썰어둔 피망의 절반을 한쪽에 놓아두고 (헹군
뒷다리살을 포함해) 남은 재료를 전부 압력솥에 넣어 잘
저어준다. 압력솥 뚜껑을 닫고 밸브를 실링sealing*으로
돌린 다음 매뉴얼/스튜로 설정하여 40분간 조리한다.
압력추가 저절로 내려가도록 두자(Natural Pressure
Release/NPR로 설정).

남겨둔 피망을 압력솥에 넣어 저어주고 뚜껑을 닫은 후
밸브를 '실링'으로 돌린 다음 매뉴얼/스튜로 설정하고
이후 압력추가 저절로 내려갈 때까지 그대로 둔다.

고기는 부드럽게 결에 따라 찢어지지 않으면 내놓기
전에 포크 두 개를 사용해 압력솥에서 잘게 찢은 후 잘
섞어준다.

전기 찜솥 사용법

🍲 6~8시간

돼지 뒷다리살을 (필요한 경우) 차가운 물에 밤새
담가두었다가 물기를 뺀 뒤 헹궈낸다.

얇게 썰어둔 피망의 절반을 한쪽에 놓아두고 (헹군
뒷다리살을 포함해) 남은 재료를 전부 전기 찜솥에 넣어 잘
저어준다. 전기 찜솥을 하이high로 설정하고 뚜껑을 덮은
후 6~8시간 동안 조리하자(좀 더 오래 둘 수도 있다).

조리가 끝나기 약 30분 전에 남겨둔 피망을 넣고
저어준다.

6시간 후 소스 내용물의 고른 정도와 고기의 부드러운
정도를 확인하자. 이때 고기는 연해지면서 결에 따라
찢어지기 시작해야 하고, 소스는 걸쭉해져야 한다.
고기 요리를 마무리하고 필요한 경우 소스를 걸쭉하게
하기 위해 전기 찜솥의 뚜껑을 열고 '하이'를 유지한 채
조리한다.

고기는 결에 따라 찢어지지 않으면 내놓기 전에 포크
두 개를 사용해 전기 찜솥에서 잘게 찢어준 후 잘
섞어준다.

* 증기배출구가 밀봉된 상태

쿠바 비프
CUBAN BEEF

🕐 **10분** | 🗑 **조리도구에 따라 다름** 아래 참조 | 🔥 **417칼로리** 1회 제공량

이 요리는 쿠바 향신료의 다소 매운맛과 부드러운 소고기를 결합한 요리로 오븐이나 프레셔 쿠커, 또는 슬로우 쿠커를 사용해 요리할 수 있다. 푸짐한 저녁 식사를 위해 쌀이나 파스타와 함께 내놓자. 와인 스톡팟을 쓰면 칼로리 수치를 낮게 유지하면서도 특별한 맛을 더할 수 있다. (사진은 뒷면 참조)

──────────── │ 주 간 식 도 락 │ ────────────

글루텐없는 육수 큐브사용

4인분

- 스튜용 소고기 500g(눈에 띄는 지방은 모두 제거해둔 것)
- 천일염과 갓 빻아둔 후추
- 저칼로리 쿠킹 스프레이
- 양파 2개(얇게 썰어둔 것)
- 소고기 육수 240ml(소고기 육수 큐브 2개를 240ml 물에 넣고 끓여둔 것)
- 잘게 다진 토마토 통조림 400g짜리 1개
- 초록 피망 2개(씨를 발라 얇게 썰어둔 것)
- 빨간 피망 2개(씨를 발라 얇게 썰어둔 것)
- 마늘 4쪽(찧어둔 것)
- 토마토 퓌레 2테이블스푼
- 빻아둔 커민 1티스푼
- 말린 오레가노 1티스푼
- 빻아둔 강황 1/2 티스푼
- 월계수 잎 2장
- 신선한 고수(잘게 다져둔 것) 1테이블스푼
- 레드 또는 화이트 와인 스톡팟 1개
- 화이트 와인 식초 1테이블스푼
- 밥(취향에 따른 내놓기용)

가스/전자레인지 또는 오븐 사용법
🍲 **2시간~2시간 반**

고기에 소금과 후추로 밑간을 한다.

큰 프라이팬에 저칼로리 쿠킹 스프레이를 뿌린 후 고기를 센 불에서 노릇노릇하게 구워 한쪽에 놓아둔다.

프라이팬에 저칼로리 쿠킹 스프레이를 조금 더 뿌리고 양파가 부드러워질 때까지 3~4분간 재빨리 볶는다.

남은 재료들을 노릇노릇해진 고기 및 양파와 함께 프라이팬에 넣자.

불을 높여 펄펄 끓이기 시작하면 불을 줄이고 1시간 반~2시간 또는 고기가 연해질 때까지 뭉근히 끓인다. (또한 프라이팬의 뚜껑을 덮고 오븐에서 2시간~2시간 반 동안 섭씨 160도[팬 섭씨 140도/ 가스 마크 3]에서 조리할 수도 있다. 다만 이 경우 프라이팬이 오븐용 프라이팬이 맞는지 먼저 확인하자.)

포크 두 개를 사용해 고기가 손쉽게 결에 따라 찢어지면 조리가 다 된 것이다. 소스가 약간 묽을 경우 뚜껑을 열고 추가로 조리하면서 소스 국물을 약간 졸여도 좋다.

취향에 따라 밥 또는 다른 곁들일 것 위에 얹어 내놓자.

압력솥 사용법 | 전기 찜솥 사용법 →

압력솥 사용법
🍲 1시간 20분

고기에 소금과 후추로 밑간을 한다.

압력솥을 소테Sauté/브라우닝Browning으로 설정하고, 저칼로리 쿠킹 스프레이를 조금 뿌리자. 고기를 넣고 고기의 양면이 노릇노릇해질 때까지 몇 분간 조리한다.

압력솥에 남은 재료들을 노릇노릇해진 고기와 함께 넣자. 압력솥의 뚜껑을 닫고 매뉴얼/스튜로 설정하여 1시간 동안 조리한 후 압력추가 저절로 내려가도록 약 15분간 두자.

포크 두 개를 사용해 고기가 결에 따라 쉽게 찢어지면 조리가 다 된 것이다. 소스가 약간 묽을 경우 압력솥의 뚜껑을 열고 소테Sauté로 설정해 소스 국물을 약간 졸인다.

취향에 따라 밥 또는 다른 곁들일 것 위에 얹어 내놓자.

전기 찜솥 사용법
🍲 6~8시간

고기에 소금과 후추로 밑간을 한다.

프라이팬에 저칼로리 쿠킹 스프레이를 뿌리고 중불에 올려놓자. 고기를 넣고 고기의 양쪽이 노릇노릇해질 때까지 몇 분 동안 재빨리 볶는다.

전기 찜솥에 남은 재료들을 노릇노릇해진 고기와 함께 넣자. 슬로우 쿠커를 '하이'로 설정하고 6시간 동안 조리하거나 '미디엄'으로 설정하여 8시간 동안 조리한다.

포크 두 개를 사용해 고기가 쉽게 찢어지면 조리가 다 된 것이다. 소스가 약간 묽을 경우 전기 찜솥의 뚜껑을 열고 소스 국물을 약간 졸인다.

취향에 따라 밥 또는 다른 곁들일 것 위에 얹어 내놓자.

닭고기와 소고기
COCK AND BULL

🕐 **10분** | 🗑 **30분** | 🔥 **436칼로리** 1회 제공량

닭고기와 소고기를 한 끼에 동시 조리해 내놓으려는 사람은 드물다. 하지만 크리미 소스를 곁들여 요리할 경우 닭고기와 소고기의 조화는 매우 부드럽고 맛깔스러운 요리가 된다. 물론 취향에 따라 한 재료만 골라 소고기나 닭고기로 조리할 수도 있다. 가족과 친구들은 설마 이 요리가 전형적인 크림으로 만들어지지 않았다는 사실을 꿈도 꾸지 못할 것이다!

주 간 식 도 락

글루텐없는 육수 큐브사용

4인분

- 스튜용 스테이크 350g(껍질과 눈에 띄는 지방은 제거한 후 길게 토막 내둔 것)
- 닭가슴살 350g(껍질과 눈에 띄는 지방은 제거한 후 길게 토막 내둔 것)
- 천일염
- 저칼로리 쿠킹 스프레이
- 양파 1개(얇게 썰어둔 것)
- 버섯 75g(얇게 썰어둔 것)
- 굵게 갈아둔 후추 1/2티스푼
- 소고기 육수 500ml(소고기 육수 큐브 1개를 500ml 물에 넣고 끓인 것)
- 소고기 스톡팟 1개
- 저지방 크림치즈 200g
- 신선한 파슬리 한 줌(잘게 썰어둔 것)

토막 내둔 소고기와 닭고기에 소금을 약간 넣어 간한 후 큰 프라이팬에 저칼로리 쿠킹 스프레이를 뿌리고 중불에 올려놓는다. 고기를 넣고 고기의 전면을 재빨리 볶아준 후 프라이팬에서 꺼내 한쪽에 놓아두자.

프라이팬에 저칼로리 쿠킹 스프레이를 조금 더 뿌리고 다시 중불에 올려놓는다.

양파, 버섯, 후추를 넣고 노릇노릇해지기 시작할 때까지 5분 동안 조리한다. 여기에 소고기 육수를 넣어 수분이 반으로 줄어들 때까지 끓이다가 스톡팟을 넣고 저어준다. 불을 약불로 줄이고 저지방 크림치즈를 넣은 후 덩어리가 생기지 않도록 저어주자.

고기를 다시 프라이팬에 넣고 잘 저어준 후 닭고기가 다 익을 때까지 5~10분 동안 뭉근히 끓인다. 맛을 보고 취향에 따라 후추를 조금 더 넣자. 소스가 너무 걸쭉한 듯하면 원하는 농도에 도달할 때까지 물을 조금 더 넣어준다.

잘게 다진 파슬리를 얹어 내놓자.

Tip
더 푸짐한 한 끼를 위해 양파와 버섯을 노릇노릇하게 한 후 브랜디 한 방울을 떨궈보자.

케이준 콩 수프

CAJUN BEAN SOUP

🕐 **5분** | 🍲 **조리도구에 따라 다름** 아래 참조 | 🔥 **174칼로리** 1회 제공량

이 푸짐하고 따뜻한 수프는 매콤한 케이준의 풍미와 강낭콩, 그리고 포만감을 주는 채소로 가득 찬 요리다. 이 건강 수프는 그 자체로 한 끼 식사가 되며, 고기가 든 버전을 만들고자 할 경우 얇게 썬 소시지나 베이컨을 넣고 양파 및 마늘과 함께 튀겨내기만 하면 된다.

매일매일 가볍게

글루텐없는 육수 큐브사용

6인분

- 저칼로리 쿠킹 스프레이
- 작은 붉은 양파 1개(깍둑썰기해둔 것)
- 파 5쪽(손질해서 잘게 다져둔 것)
- 마늘 2쪽(찧어둔 것)
- 애호박(깍둑썰기해둔 것)
- 빨간색이나 노란색 피망 2개(씨를 발라 깍둑썰기해둔 것)
- 중간 크기 당근 2개(깍둑썰기해둔 것)
- 시금치 넉넉히 한 줌(얼린 시금치도 좋지만 그 경우엔 두 줌)
- 잘게 다진 토마토 통조림 400g짜리 1개
- 파사타 소스 500g짜리 1통
- 토마토 퓨레 2테이블스푼
- 채소 육수 560ml(채소 육수 큐브 2개를 560ml 물에 넣고 끓인 것)
- 케이준 양념 1~2테이블스푼(입맛에 따라)
- 우스터소스(또는 바이오 올가닉 우스터소스와 같은 채식주의자 대용품) 1테이블스푼
- 화이트 와인 식초 1테이블스푼
- 월계수 잎 1장
- 빨간 강낭콩 통조림 400g짜리 1개 (물기 빼서 헹궈둔 것)
- 병아리콩 통조림 400g짜리 1개 (물기 빼서 헹궈둔 것)
- 갓 빻아둔 후추

가스/전자레인지 사용법

🍲 **50분**

큰 프라이팬에 저칼로리 쿠킹 스프레이를 뿌리고 중불에 올려놓은 후 양파, 파, 마늘을 넣고 부드러워질 때까지 4~5분 동안 재빨리 볶아낸다.

남은 재료들(콩, 병아리콩, 후추는 제외)을 넣고 잘 저으면서 불을 올려 펄펄 끓으면 불을 줄이고 30분 동안 뭉근히 끓이자.

여기에 강낭콩과 병아리콩을 넣은 후 맛을 보고 입맛에 따라 후추로 간하자. 필요할 경우 케이준 양념을 좀 더 넣어도 좋다.

다시 15분 정도 조리하고 월계수 잎을 빼낸 후 내놓자.

압력솥 사용법 | 전기 찜솥 사용법 →

압력솥 사용법

🍲 30분

압력솥을 소테/브라우닝으로 설정하고 안쪽에
저칼로리 쿠킹 스프레이를 뿌린 후 양파와 마늘을
부드러워지기 시작할 때까지 3~4분간 조리한다.

남은 재료들(콩, 병아리콩, 후추는 제외)을 넣고 잘 젓는다.
압력솥을 매뉴얼/스튜로 설정하고 20분 동안 조리한
후 압력추가 저절로 내려가도록 두자(Natural Pressure
Release/NPR로 설정).

여기에 강낭콩과 병아리콩을 넣고 맛을 본 뒤 입맛에
따라 후추를 넣는다. 필요할 경우 케이준 양념을 좀 더
넣어도 된다.

압력솥을 소테Sauté로 설정하고 다시 5분 정도 조리한 후
월계수 잎을 빼낸 후 내놓자.

전기 찜솥 사용법

🍲 4시간 10분

큰 프라이팬에 저칼로리 쿠킹 스프레이를 뿌리고
중불에 올려놓은 후 양파, 파, 마늘을 부드러워질
때까지 4~5분간 재빨리 볶아내자.

남은 재료들(콩, 병아리콩, 후추는 제외)을 넣고 잘
저으면서 펄펄 끓인 후 수프를 전기 찜솥에 넣고
'미디엄'으로 설정하여 3시간 동안 조리한다.

3시간 후에 강낭콩과 병아리콩을 넣자. 입맛에 따라
후추를 넣고 필요할 경우 케이준 양념을 좀 더 넣는다.
다시 1시간 정도 조리하여 월계수 잎을 빼낸 후 내놓자.

지중해식 양다리찜

MEDITERRANEAN-STYLE LAMB SHANKS

🕐 **15분** | 🗑 **조리 도구에 따라 다름** 아래 참조 | 🔥 **582칼로리** 1회 제공량

오븐이든, 압력솥이든, 전기 찜솥이든 재료를 천천히 익히는 이 조리법은 양고기의 근사하고 풍부하고 부드러운 맛을 살리는 멋진 방법이다. 게다가 굳이 고칼로리 재료를 쓰지 않고도 저녁 파티에서 탄성을 자아낼 만한 완벽한 레시피다. (사진은 뒷면 참조)

특 별 한 날

글루텐없는 육수 큐브사용

4인분

- 양고기 정강이살 4쪽(눈에 띄는 모든 지방은 제거해둔 것). 1쪽당 약 400~450g
- 천일염과 갓 빻아둔 후추
- 저칼로리 쿠킹 스프레이
- 우스터소스 1테이블스푼과, 추가로 디글레이즈할 소량의 양념
- 소고기 육수 250ml(소고기 육수 큐브 1개를 250ml 물에 넣고 끓인 것)
- 큰 양파 1개(듬성듬성 썰어둔 것)
- 셀러리 줄기 2대(듬성듬성 썰어둔 것)
- 중간 크기 당근 2개(듬성듬성 썰어둔 것)
- 마늘 3쪽(껍질을 벗겨둔 것)
- 토마토 퓌레 2테이블스푼
- 잘게 다진 토마토 통조림 400g짜리 1개
- 신선한 토마토 2개(잘게 다져둔 것)
- 소고기 육수 큐브 1개(위에 추가로)
- 피쉬 소스 1티스푼
- 발사믹 식초 1테이블스푼
- 말린 오레가노 1티스푼
- 말린 로즈마리 1티스푼
- 말린 타임* 1/2티스푼
- 신선한 파슬리 넉넉히 한 줌
- 조리한 쿠스쿠스(취향에 따른 내놓기용)

오븐 사용법

🍲 **2시간 반~3시간**

양고기 정강이살을 소금과 후추로 간하자. 큰 프라이팬에 저칼로리 쿠킹 스프레이를 뿌리고 양고기 정강이살을 넣는다. 중불에서 전체적으로 노릇노릇해질 때까지 5분 정도 조리한다(이렇게 하면 풍미가 살아난다).

양고기 정강이살을 큰 뚜껑이 달린 캐서롤 냄비에 담는다. 오븐을 섭씨 180도(팬 섭씨 160도/ 가스 마크 4)로 예열하자.

프라이팬 바닥에 달라붙은 조각을 나무 숟가락으로 다 긁어모은 후 소량의 우스터소스와 소고기 육수를 넣어 녹여준다. 여기에 양파, 셀러리, 당근, 마늘을 넣고 채소들을 프라이팬 바닥의 디글레이즈 혼합물과 섞어주면서 양파 색이 변하기 시작할 때까지 몇 분 동안 볶아준 후 토마토 퓌레를 넣어 3~5분간 더 볶는다.

프라이팬의 혼합물을 양고기 정강이살이 담긴 캐서롤 냄비에 붓는다. 여기에 남은 재료(파슬리 제외)와 함께 꼭 육수 큐브를 바스러뜨려 넣는다. 오븐에서 양고기 정강이살이 부드러워질 때까지 뚜껑을 덮고 2시간~2시간 반 동안 조리하면서 몇 번에 걸쳐 수분을 좀 더 넣어주어야 할지 확인하자.

캐서롤 냄비에서 양고기 정강이살을 꺼내고 원하는 농도에 도달할 때까지 냄비 안의 소스를 끓인다(양고기는 꽤 지방함량이 높으므로 지방 거름망을 사용해도 좋다). 여기에 잘게 썰어둔 파슬리를 넣고 저어준 후 쿠스쿠스와 함께 내놓거나, 취향에 따라 쿠스쿠스 위에 소스를 부어 내놓자.

---

* 스튜처럼 오래 끓이는 요리에 빠지지 않는 허브

압력솥 사용법 | 전기 찜솥 사용법 →

압력솥 사용법
🍲 50분

양고기 정강이살을 소금과 후추로 간하자. 큰 프라이팬에 저칼로리 쿠킹 스프레이를 뿌리고 양고기 정강이살을 넣는다. 중불에서 전체적으로 노릇노릇해질 때까지 5분 정도 조리하자(이렇게 하면 풍미가 살아난다).

양고기 정강이살을 압력솥으로 옮기자.

프라이팬 바닥에 달라붙은 조각을 나무 숟가락으로 다 긁어모은 후 소량의 우스터소스와 소고기 육수를 넣어 녹여준다. 여기에 양파, 셀러리, 당근, 마늘을 넣고 채소들을 프라이팬 바닥의 디글레이즈 혼합물과 섞어주면서 양파 색이 변하기 시작할 때까지 몇 분 동안 볶아준 후 토마토 퓌레를 넣어 3~5분간 더 볶는다.

프라이팬의 내용물을 압력솥 안의 양고기 정강이살 위에 붓는다. 여기에 남은 재료(파슬리 제외)와 함께 꼭 육수 큐브를 넣어 바스러뜨려 넣자.

압력솥을 매뉴얼/스튜로 설정하고 45분 동안 조리한 후 압력추가 저절로 내려가도록 두자(Natural Pressure Release/NPR로 설정).

양고기 정강이살을 프라이팬에서 꺼내 압력솥을 소테/브라우닝으로 설정하고 원하는 농도에 도달할 때까지 소스를 졸인다(양고기는 꽤 지방함량이 높으므로 지방 거름망에 통과시켜도 좋다).

여기에 잘게 썰어둔 파슬리를 넣고 저어준 후 쿠스쿠스와 함께 내놓거나, 취향에 따라 쿠스쿠스 위에 소스를 부어 내놓자.

전기 찜솥 사용법
🍲 4~8시간

양고기 정강이살을 소금과 후추로 간하자. 큰 프라이팬에 저칼로리 쿠킹 스프레이를 뿌리고 양고기 정강이살을 넣는다. 중불에서 전체적으로 노릇노릇해질 때까지 5분 정도 조리하자(이렇게 하면 풍미가 살아난다).

양고기 정강이살을 전기 찜솥으로 옮기자.

프라이팬 바닥에 달라붙은 조각을 나무 숟가락으로 다 긁어모은 후 소량의 우스터소스와 소고기 육수를 넣어 녹여준다. 여기에 양파, 셀러리, 당근, 마늘을 넣고 채소들을 프라이팬 바닥의 디글레이즈 혼합물과 섞어주면서 양파 색이 변하기 시작할 때까지 몇 분 동안 볶아준 후 토마토 퓌레를 넣고 3~5분간 더 볶는다.

프라이팬의 내용물을 전기 찜솥 안의 양고기 정강이살 위에 붓는다. 여기에 남은 재료(파슬리 제외)와 함께 꼭 육수 큐브를 넣어 바스러뜨려 넣자.

전기 찜솥을 '미디엄'으로 설정하고 4~5시간 동안 조리한 후 다시 로우Low로 설정하여 7~8시간 조리한다.

양고기가 부드러워질 때 전기 찜솥에서 정강이살을 꺼내자. 뚜껑을 덮지 않은 채로 '하이'로 설정하고 약 30분 또는 소스가 원하는 농도에 도달할 때까지 조리하자(양고기는 꽤 지방함량이 높으므로 지방 거름망에 통과시켜도 좋다).

여기에 잘게 썰어둔 파슬리를 넣고 저어준 후 쿠스쿠스와 함께 내놓거나, 취향에 따라 쿠스쿠스 위에 소스를 부어 내놓자.

굴라쉬
GOULASH

🕐 **15분** | 🍲 **조리 도구에 따라 다름** 아래 참조 | 🔥 **449칼로리** 1회 제공량

파프리카와 토마토가 그득한 굴라쉬는 오랫동안 약한 불로 뭉근히 끓이는 요리(오븐이나 전기 찜솥에서 모두 비슷한 효과를 낼 수 있다)로, 고기가 맛있게 연해지는 동시에 그 풍미가 소스에 고스란히 묻어난다. 병아리콩을 넣은 간편 필래프 라이스Easy Pilaf Rice with Chickpeas(209면 참조)와 함께 곁들여 내면 그야말로 포만감 있고 끝내주는 맛의 헝가리 잔치 요리를 맛보게 될 것이다!

| 주간 식도락 |

글루텐없는 육수 큐브사용

4인분

- 스튜용 스테이크 500g(먹기 좋은 크기로 썰어둔 것)
- 훈제 스위트 파프리카 3테이블스푼
- 저칼로리 쿠킹 스프레이
- 큰 양파 1개(뭉텅뭉텅 썰어둔 것)
- 빨간 피망 1개(씨를 발라 뭉텅뭉텅 썰어둔 것)
- 노란 피망 1개(씨를 발라 뭉텅뭉텅 썰어둔 것)
- 마늘 과립 3/4티스푼
- 중간 크기 당근 2개(2.5cm로 썰어둔 것)
- 중간 크기 감자 175g(껍질을 벗겨 2.5cm 크기로 썰어둔 것)
- 잘게 다진 토마토 400g짜리 1개
- 토마토 퓌레 2테이블스푼
- 소고기 육수 500ml(소고기 스톡팟 2개를 500ml 물에 넣고 끓인 것)
- 천일염과 갓 빻아둔 후추
- 찌거나 절인 붉은 양배추(취향에 따른 내놓기용)

오븐 사용법
🍲 **2시간~2시간 반**

스테이크를 훈제 스위트 파프리카에 넣고 잘 버무려준다. 오븐을 섭씨 190도(팬 섭씨 170도/ 가스 마크 5)로 예열하자.

큰 캐서롤 냄비에 저칼로리 쿠킹 스프레이를 뿌리고 중불에 올려놓는다. 고기를 넣고 노릇노릇해질 때까지 5분간 조리한 후 꺼내서 한쪽에 놓아두자.

캐서롤 냄비를 다시 중불에 올려놓고 저칼로리 쿠킹 스프레이를 좀 더 뿌린 후 양파와 피망을 넣는다. 냄비 안의 재료들이 부드러워지기 시작할 때까지 3~4분간 조리한 후 노릇노릇하게 조리된 고기를 다시 냄비에 넣고 마늘 과립, 당근, 감자, 토마토 퓌레, 잘 다진 토마토, 육수를 넣는다. 잘 저어주면서 불을 높여 펄펄 끓기 시작하면 냄비에 딱 맞는 뚜껑을 덮고 오븐에 옮겨 1시간 반~2시간 또는 고기가 부드러워질 때까지 조리한다.

맛을 보고 필요할 경우 소금과 후추로 간하자. 취향에 따라 빨간 양배추와 함께 내놓자.

압력솥 사용법 | 전기 찜솥 사용법 →

압력솥 사용법
🍲 45분

스테이크를 훈제 스위트 파프리카에 넣고 잘 버무려준다.

압력솥을 소테/브라우닝으로 설정하고 저칼로리 쿠킹 스프레이를 조금 뿌린다. 고기를 넣고 고기가 노릇노릇해질 때까지 약 5분간 재빨리 조리한 후 고기를 꺼내어 한쪽에 놓아두자.

압력솥에 저칼로리 쿠킹 스프레이를 좀 더 뿌리고 양파를 넣은 후 양파가 부드러워질 때까지 3~4분간 조리한다.

압력솥에 고기, 피망, 마늘 과립, 당근, 감자, 토마토 퓌레, 잘 다진 토마토와 육수를 넣자.

압력솥을 매뉴얼/스튜로 설정하고 30분 동안 조리한 후 압력추가 저절로 내려가도록 두자(Natural Pressure Release/NPR로 설정). 소스가 약간 묽으면 뚜껑을 열고 압력솥을 소테/브라우닝으로 설정한 후 소스가 졸여질 때까지 몇 분간 조리한다.

취향에 따라 붉은 양배추와 함께 내놓자.

전기 찜솥 사용법
🍲 4시간 반

스테이크를 훈제 스위트 파프리카에 넣고 잘 버무려준다.

프라이팬에 저칼로리 쿠킹 스프레이를 뿌리고 중불에 올려놓는다. 고기를 넣고 고기의 모든 면이 노릇노릇해질 때까지 5분간 조리한다.

전기 찜솥에 양파, 피망, 마늘 과립, 당근, 감자와 함께 노릇노릇해진 고기를 넣고 여기에 토마토 및 육수와 함께 토마토 퓌레를 넣는다. 잘 저으면서 전기 찜솥을 '하이'로 설정하고 뚜껑을 덮은 후 4시간 반 동안 조리하거나 '로우'로 설정하여 고기와 채소가 부드러워질 때까지 6~7시간 동안 조리한다.

맛을 보고 필요할 경우 소금과 후추로 간한다.

취향에 따라 빨간 양배추와 함께 내놓자.

샬롯을 곁들인 레드 와인 소스 비프

BEEF IN RED WINE WITH SHALLOTS

🕐 **15분** | 🗑 **조리 도구에 따라 다름** 아래 참조 | 🔥 **332칼로리** 1회 제공량

요리에 레드 및 화이트 와인 스톡팟을 쓰면 맛에 영향을 주지 않고도 손쉽게 칼로리를 줄일 수 있다. 이제 대부분 수퍼마켓에서 구입할 수 있는 이 와인 육수는 정통 뿌리채소 및 달콤한 샬롯과 함께 쓰여 천천히 익히는 소고기 요리와 찰떡궁합을 이룬다. 이 정통 프랑스 요리는 추운 날 저녁에 먹는 특별한 한 끼의 감동을 선사해줄 것이다. (사진은 뒷면 참조)

주간 식도락

글루텐없는 육수 큐브사용

4인분

- 적당한 스튜 스테이크 4쪽(통째로 두거나 세로로 얇게 썰어둔 것, 각각 125g 정도)
- 천일염과 갓 빻아둔 후추
- 저칼로리 쿠킹 스프레이
- 큰 샬롯 8개(길게 썰어둔 것)
- 타임 가지 2개
- 으깬 감자(취향에 따른 내놓기용)

그레이비용
- 양파 반 개(듬성듬성 썰어둔 것)
- 작은 당근 1개(듬성듬성 썰어둔 것)
- 스웨덴 순무 100g(껍질 벗겨 듬성듬성 썰어둔 것)
- 작은 감자 1개(껍질 벗겨 듬성듬성 썰어둔 것)
- 물 600ml
- 레드 와인 스톡팟 1개
- 소고기 스톡팟 1개

오븐 사용법
🍲 **3시간 반~4시간**

그레이비 소스*를 만들기 위해 냄비에 물과 함께 양파, 당근, 스웨덴 순무, 감자를 넣고 센 불에서 끓이다가 펄펄 끓기 시작하면 약불로 줄인 후 채소가 부드러워질 때까지 30분간 뭉근히 끓인다. 여기에 스톡팟을 넣고 불에서 내린 후 내용물이 고르게 섞일 때까지 스틱 믹서기로 섞어준다.

고기에 소금과 후추로 밑간을 한다.

오븐을 섭씨 180도(팬 섭씨 160도/ 가스 마크 4)로 예열한다.

큰 프라이팬에 저칼로리 쿠킹 스프레이를 뿌리고 중불에 올려놓는다. 프라이팬에 대형 스튜 스테이크 4쪽을 넣고 양면을 노릇노릇하게 구운 후 캐서롤 냄비에 옮겨 담자. (프라이팬이 작다면 스테이크가 넘치지 않도록 이 과정을 몇 번에 걸쳐 진행해야 할 수도 있다.)

스테이크 위에 샬롯을 뿌리고 그레이비를 붓는다. 맨 위에 타임을 얹고 오븐에서 3시간~3시간 반 동안 조리한다.

3시간~3시간 반 후에 고기가 부드러워졌는지 확인하고, 필요할 경우 다시 오븐에 넣어 30분 동안 구워준다. 그대로 내놓거나 으깬 감자와 함께 내놓자.

*고기를 익힐 때 나온 육즙에 밀가루 등을 넣어 만든 소스

압력솥 사용법 ‖ 전기 찜솥 사용법 →

압력솥
🍲 50분

그레이비 소스를 만들기 위해 냄비에 물과 함께 양파, 당근, 스웨덴 순무, 감자를 넣고 센 불에서 끓이다가 펄펄 끓기 시작하면 약불로 줄인 후 채소가 부드러워질 때까지 30분간 뭉근히 끓인다. 스톡팟을 넣고 불에서 내린 후 내용물이 고르게 섞일 때까지 스틱 믹서기로 섞어준다.

고기에 소금과 후추로 밑간을 한다.

프라이팬에 저칼로리 쿠킹 스프레이를 뿌리고 중불에 올려놓는다. 프라이팬에 대형 스튜 스테이크 4쪽을 넣고 양면이 노릇노릇해지도록 구운 후 압력솥에 옮겨 담는다. (프라이팬이 작다면 스테이크가 넘치지 않도록 이 과정을 몇 번에 걸쳐 진행해야 할 수도 있다.)

스테이크를 굽는 데 썼던 프라이팬에서 샬롯을 노릇노릇하게 구운 후 압력솥에 옮겨 담은 스테이크 위에 양파를 뿌린다.

그레이비를 붓고 다시 200ml의 물을 부은 후 맨 위에 타임을 얹자.

뚜껑을 닫고 압력솥을 매뉴얼/스튜로 설정하여 40분 동안 조리한 후 압력추가 저절로 내려가도록 둔다(Natural Pressure Release/NPR로 설정).

압력솥의 압력추가 내려가면 고기가 부드러운지 확인하고 내놓는다. 소스가 약간 걸쭉하다면 물을 조금 더 넣자. 너무 묽다면 압력솥을 소테/브라우닝으로 설정하고 약간 더 졸이자. 그대로 내놓거나 으깬 감자와 함께 내놓는다.

전기 찜솥
🍲 4~9시간

그레이비 소스를 만들기 위해 냄비에 물과 함께 양파, 당근, 스웨덴 순무, 감자를 넣고 센 불에서 끓이다가 펄펄 끓기 시작하면 약불로 줄인 후 채소가 부드러워질 때까지 30분간 뭉근히 끓인다. 스톡팟을 넣고 불에서 내린 후 내용물이 고르게 섞일 때까지 스틱 믹서기로 섞어준다.

고기에 소금과 후추로 밑간을 한다.

프라이팬에 저칼로리 쿠킹 스프레이를 뿌리고 중불에 올려놓는다. 프라이팬에 대형 스튜 스테이크 4쪽을 넣고 양면이 노릇노릇해지도록 구운 후(프라이팬이 작다면 스테이크를 나누어 몇 번에 걸쳐 조리하자) 스테이크를 전기 찜솥에 옮겨 담는다.

스테이크 위에 샬롯을 뿌리고 그레이비를 부은 후 다시 200ml의 물을 더 붓는다. 맨 위에 타임을 얹고 전기 찜솥의 뚜껑을 덮은 후 '하이'로 설정하여 4~6시간 동안 조리하거나 '미디엄'으로 설정하여 8~9시간 동안 조리한다.

고기가 아직 부드럽지 않은 경우 1시간 정도 더 조리하고 으깬 감자와 함께 내놓자.

초절임 닭요리

POULET AU VINAIGRE

🕐 **15분** | 🗑 **30분** | 🔥 **197칼로리** 1회 제공량

크리미한 이 정통 프랑스 요리는 원래 프랑스인들만의 과감한 방식으로 재료를 쓴다(무려 셰리 와인 반병이 재료로 쓰인다!). 하지만 다행히도 화이트 와인 스톡팟과 화이트 와인 식초 같은 더 센스 있는 재료를 사용해 원조 요리를 근사하게 재현하면서도 일부 칼로리를 낮출 수 있다. 이 요리가 보글보글 끓어오르는 동안 마치 프랑스 남부의 주말농장에 와 있는 느낌일 것이다.

───────────── │ 주 간 식 도 락 │ ─────────────

글루텐없는 육수 큐브사용

4인분

- 저칼로리 쿠킹 스프레이
- 닭고기 넓적다리살 8쪽(껍질과 눈에 띄는 지방은 제거해둔 것)
- 양파 반 개(잘게 다져둔 것)
- 마늘 2쪽(찧어둔 것)
- 토마토 2개(껍질을 벗기고 씨를 발라 깍둑썰기해둔 것)
- 토마토 퓌레 1티스푼
- 겨잣가루 1/2티스푼
- 닭고기 육수 300ml(닭고기 육수 큐브 1개를 300ml 물에 넣고 끓여둔 것)
- 화이트 와인 스톡팟 1개
- 화이트 와인 식초 3테이블스푼
- 저지방 크림치즈 75g
- 잘게 다져둔 신선한 타라곤[1] 1티스푼
- 쩌둔 채소(취향에 따른 내놓기용)

(뚜껑이 달린) 크고 무거운 팬에 저칼로리 쿠킹 스프레이를 뿌리고 센 불에 올려놓는다. 닭고기 넓적다리살을 넣고 각 면을 2~3분 동안 노릇노릇하게 구운 후 프라이팬에서 꺼내 한쪽에 놓아두자.

불을 줄이고 프라이팬에 저칼로리 쿠킹 스프레이를 조금 더 뿌린 후 양파와 마늘을 넣고 3분 동안 또는 약간 부드러워질 때까지 그러나 색이 변하지 않을 때까지만 조리한다. 깍둑썰기해둔 토마토, 토마토 퓌레, 겨잣가루를 넣고 1분간 조리한다.

여기에 육수, 스톡팟, 화이트 와인 식초를 부은 후 잘 저으면서 뭉근히 끓인다. 프라이팬에 다시 닭고기 넓적다리살을 넣은 후 뚜껑을 덮고 약불에서 닭이 익을 때까지 20~25분간 조리한다. 날카로운 칼로 닭고기 넓적다리살을 찔러봤을 때 육즙이 선명하게 흐르는지 확인한다.

닭고기를 프라이팬에서 꺼내 호일로 덮어 온기를 유지하자.

불의 세기를 올리고 6~8분 또는 소스가 걸쭉해지기 시작할 때까지(싱글 크림[2] 정도의 고른 상태가 되어야 한다) 재빨리 끓여낸다. 크림치즈와 잘게 다져둔 타라곤을 넣고 저어준 후 닭고기를 프라이팬에 다시 넣어 골고루 데워준다.

쩌둔 채소 그리고/또는 취향에 따라 으깬 감자와 함께 내놓자.

---

[1] 프랑스 요리에서 빠지지 않는 허브 중 하나

[2] 휘핑이 가능하지는 않으나 음식을 조리할 때 쓰는 저지방 크림

The Cock and Bull is

ABSOLUTELY AMAZING

could have been the

REAL THING

닭고기와 소고기는 정말로 대단한 요리다!
이 요리야말로 진정한 요리가 무엇인지를 보여준다! 길리언

"

지중해식 양다리찜은 정말
너무나도 풍미 가득한 요리다.
꼭 다시 만들어 먹을 것이다!

줄리

와우! 와우! 양고기 귀베치는
우리 집에서 인기 만점이다!
진정한 양고기 귀베치 요리의 맛이다!

클레어

비프 라구 페투치네
BEEF RAGU FETTUCCINE

🕐 **10분** | 🍲 **조리 도구에 따라 다름** 아래 참조 | 🔥 **445칼로리** 1회 제공량

이 페투치네는 가족을 위한 훌륭한 한 끼 식사다. 소고기와 토마토가 그득한 이 요리는 지친 하루를 완벽하게 마무리해준다. 정말로 풍성한 식사를 위해 레드 와인 한 잔과 샐러드를 곁들여 내놓아도 좋고, 저녁 식사를 하러 식탁으로 몰려온 가족에게 이 요리 하나만 내놓아도 좋다.

매일매일 가볍게

4인분

- 스튜용 스테이크 300g(눈에 띄는 지방은 제거한 후 한입 크기로 썰어둔 것)
- 천일염과 갓 빻아둔 후추
- 저칼로리 쿠킹 스프레이
- 양파 1개(잘게 깍둑 썰어둔 것)
- 중간 크기 당근 1개(잘게 깍둑 썰어둔 것)
- 애호박 1개(잘게 깍둑썰기해둔 것)
- 버섯 150g(얇게 썰어둔 것)
- 마늘 2쪽(찧어둔 것)
- 파사타 소스 500g짜리 1통
- 소고기 육수 300ml(소고기 육수 큐브 2개를 300ml 물에 넣고 끓여둔 것)
- 말린 오레가노 2티스푼
- 말린 바질 2티스푼
- 우스터소스 1티스푼
- 토마토 퓌레 2테이블스푼
- 통보리 50g
- 페투치네* 건면 200g
- 곱게 갈아둔 파르메산 치즈(취향에 따른 내놓기용)

오븐 사용법

🍲 **2시간 반**

고기에 소금과 후추로 밑간을 한다.

큰 소스팬(냄비)에 저칼로리 쿠킹 스프레이를 뿌린다. 고기가 센 불에서 노릇노릇해질 때까지 약 10분간 볶는다.

고기가 노릇노릇해지면 채소를 넣고 다시 몇 분간 재빨리 볶자. 파스타와 통보리를 제외한 모든 남은 재료를 넣어 잘 섞어주다가 소스팬의 뚜껑을 덮은 후 약불에서 이따금 저어주면서 1시간 동안 뭉근히 끓인다.

1시간 후 이 라구 소스에 통보리를 넣고 저어준다. 소스팬의 뚜껑을 다시 덮고 약불에서 소고기가 매우 연해질 때까지 1시간 동안 더 조리한다.

라구 소스의 조리가 끝나기 약 20분 전 팬에 물을 넣고 포장에 적힌 안내 문구에 따라 파스타를 조리한다.

파스타가 익으면 물기를 뺀 파스타를 라구 소스에 넣어 버무려준 후 위에 곱게 간 파르메산 치즈를 뿌려 내놓자. (다만 칼로리 양 따지는 걸 잊지 말자.)

* 소스의 맛을 잘 느낄 수 있는 넓적한 면의 파스타

압력솥 사용법 | 전기 찜솥 사용법 →

압력솥

🍲 30분

양고기에 소금과 후추로 밑간을 한다.

파스타를 끓이기 위해 물을 담은 큰 프라이팬을
가스/전자레인지에 올려놓자.

압력솥을 소테/브라우닝으로 설정하고 약간의
저칼로리 쿠킹 스프레이를 뿌린다. 고기를 조금씩
나눠서 압력솥에 넣고 노릇노릇해질 때까지 몇 분 동안
구운 후 한쪽에 놓아두자.

마늘과 채소를 압력솥에 넣고 소테Sauté로 설정하여
2분간 조리하다가 종료 버튼을 누른 후 노릇노릇해진
고기를 비롯해 남은 재료(파스타와 파르메산 치즈는 제외)를
넣는다. 뚜껑을 닫고 통기 밸브가 닫혔는지 확인한 후
압력솥을 매뉴얼/스튜로 설정하여 30분 동안 조리한다.

포장에 적힌 안내 문구에 따라 파스타를 끓는 물에서
삶은 후 물기를 빼자.

압력솥의 조리가 끝나면 퀵 프레셔 릴리스(Quick
Pressure Release. 급속 압력 방출) 방법을 써서 압력추가
빠르게 내려가도록 한 후 삶은 파스타를 라구 소스에
넣고 저어준다.

위에 파르메산 치즈를 뿌린 후 즉시 내놓자. (다만 칼로리
양 따지는 걸 잊지 말자!)

전기 찜솥 사용법

🍲 6시간

양고기에 소금과 후추로 밑간을 한다.

큰 프라이팬에 저칼로리 쿠킹 스프레이를 조금 뿌리고
중불에 올려놓은 후 고기를 넣고 노릇노릇해질 때까지
몇 분간 재빨리 볶는다. 일단 노릇노릇해지면 마늘과
채소를 넣고 다시 2분간 재빨리 볶자.

프라이팬의 내용물을 전기 찜솥에 붓고 파스타와
파르메산 치즈를 제외한 모든 남은 재료를 넣는다.
전기 찜솥을 '미디엄-하이'로 설정하고 5~6시간 또는
고기가 연해져서 갈라지기 시작할 때까지 조리한다.

파스타를 끓이기 위해 물을 담아놓은 큰 프라이팬을
가스/전자레인지에 올려놓자. 포장에 적힌 안내 문구에
따라 파스타를 끓는 물에서 조리한 후 물기를 뺀
파스타를 라구 소스에 넣고 저어준다.

위에 파르메산 치즈를 뿌린 후 즉시 내놓자. (다만 칼로리
양 따지는 걸 잊지 말자!)

양고기 귀베치

LAMB GUVECH

🕐 **10분** | 🗑 **조리 도구에 따라 다름** 아래 참조 | 🔥 **356칼로리** 1회 제공량

양고기는 전형적으로 지방이 많은 고기라서 저칼로리 레시피에선 제외될 때가 많다. 하지만 이 요리에서처럼 지방을 제거하고 재료를 천천히 익히면 고기는 그대로 맛깔나고 연할 수 있다. 이 불가리아 요리에는 많은 준비가 따르지만 맛이 정말 끝내주기 때문에 노력한 만큼의 가치가 있다. 시간도 오래 걸리니 다른 일을 같이 하면서 천천히 조리해보자. (사진은 뒷면 참조)

│ 주 간 식 도 락 │

글루텐없는 육수 큐브사용

4인분

- 양고기 500g(눈에 띄는 지방은 모두 제거한 후 깍둑썰기해둔 것)
- 천일염과 갓 빻아둔 후추
- 저칼로리 쿠킹 스프레이(단 전기 찜솥을 쓸 경우에는 제외)
- 양파 1개(깍둑썰기해둔 것)
- 마늘 4쪽(찧어둔 것)
- 초록 피망 1개(씨를 발라 깍둑썰기해둔 것)
- 빨간 피망 1개(씨를 발라 깍둑썰기해둔 것)
- 버섯 10개(얇게 썰어둔 것)
- 양고기 육수 큐브 2개
- 소고기 육수 큐브 1개
- 월계수 잎 2장
- 잘게 썰어둔 신선한 파슬리 2티스푼
- 말린 칠리 플레이크 넉넉히 한 꼬집
- 잘 다진 토마토 통조림 400g짜리 2개
- 훈제 스위트 파프리카 1티스푼
- 빻아둔 커민 1티스푼
- 레드 와인 식초 1티스푼
- 토마토 퓌레 1테이블스푼
- 병아리콩을 넣은 간편 필래프 라이스Easy Pilaf Rice with Chickpeas(209면 참조, 내놓기용)

오븐 사용법 🗑 1시간 40분

양고기에 소금과 후추로 밑간을 한다.

오븐을 섭씨 180도(팬 섭씨 160도/ 가스 마크 4)로 예열하고, 큰 오븐용 캐서롤 냄비에 저칼로리 쿠킹 스프레이를 뿌린다. 깍둑썰기해둔 양고기를 냄비에 담아 중불에 올려놓고 약 5분간 노릇노릇하게 구운 후 한쪽에 놓아두자.

저칼로리 쿠킹 스프레이를 조금 더 넣고 양파와 마늘을 중불에서 3~4분간 부드러워지기 시작할 때까지 재빨리 볶는다. 양고기를 250ml의 물과 함께 다시 냄비에 넣자.

남은 재료들을 모두 넣은 후 잘 저으면서 뚜껑을 덮고 1시간 반 동안 조리한다. 1시간 정도 지난 후부터 물이 증발해버리지 않도록 확인하자. 물이 증발해버린 경우, 물을 조금 더 넣는다.

조리 시간이 다 지난 후 고기가 익었는지 확인하자. 고기가 익지 않은 경우 다시 30분간 더 조리한다.

고기가 다 익으면 맛을 보고 필요한 경우 소금과 후추를 조금 더 넣는다. 귀베치가 좀 더 걸쭉해져야 할 경우 뚜껑을 덮지 말고 오븐에 다시 넣은 후 국물이 조금 줄어들 때까지 두자. 병아리콩을 넣은 간편 필래프 라이스Easy Pilaf Rice with Chickpeas(209면 참조)와 함께 내놓자.

압력솥 사용법 │ 전기 찜솥 사용법 →

압력솥

🍲 1시간

양고기에 소금과 후추로 밑간을 한다.

압력솥을 소테/브라우닝으로 설정하고 저칼로리 쿠킹 스프레이를 뿌린 후 깍둑썰기해둔 양고기를 약 5분간 노릇노릇하게 구워 한쪽에 두자.

저칼로리 쿠킹 스프레이를 조금 더 넣고 양파와 마늘이 부드러워지기 시작할 때까지 3~4분간 재빨리 조리하자. 양고기를 250ml의 물과 함께 다시 압력솥에 넣는다.

남은 재료들을 모두 넣자. 압력솥을 매뉴얼/스튜로 설정하고 50분 동안 조리한다. 압력추가 저절로 내려가도록 두자(Natural Pressure Release/NPR로 설정).

귀베치가 걸쭉해져야 할 경우 뚜껑을 닫지 말고 압력솥을 소테/브라우닝으로 설정한 후 소스가 약간 졸아들 때까지 5분 동안 조리한다.

맛을 보고 필요할 경우 소금과 후추로 간한 후 병아리콩을 넣은 간편 필래프 라이스Easy Pilaf Rice with Chickpeas(209면 참조)와 함께 내놓자.

전기 찜솥 사용법

🍲 5시간

양고기에 소금과 후추로 밑간을 한다.

소금과 후추를 제외한 모든 재료를 전기 찜솥에 넣자. 잘 저어주면서 전기 찜솥을 '하이'로 설정하고 뚜껑을 닫은 후, 고기와 채소가 부드러워질 때까지 5시간 동안 조리하거나 '로우'로 설정하여 8시간 동안 조리한다.

맛을 보고 필요할 경우 소금과 후추로 간한 후 병아리콩을 넣은 간편 필래프 라이스Easy Pilaf Rice with Chickpeas(209면 참조)와 함께 내놓자.

CHAPTER 5

베이코

& 로스트

베이컨과 치즈 포테이토 스킨

BACON AND CHEESE POTATO SKINS

🕐 10분 | 🗑 40분 | 🔥 263칼로리 1회 제공량

로우디드 포테이토 스킨[1]을 떠올리면 몸에 안 좋은 것들로 가득 차 있을 거란 생각이 들기 십상이다. 하지만 몇 가지 재료만 바꿔도 모든 칼로리는 피하면서 동시에 풍미는 다 재현해 치즈 맛 가득한 풍성한 특별 요리를 즐길 수 있다.

주 간 식 도 락

4인분

- 중간 크기 감자 4개
- 베이컨 메달리온 6장
- 파 5쪽(손질해서 얇게 썰어둔 것)
- 무지방 코티지 치즈[2] 200g
- 천일염과 갓 빻아둔 후추
- 파르메산 치즈 30g(곱게 갈아둔 것)

감자를 씻어서 포크로 숭숭 구멍을 낸 후 전자레인지에 넣어 익을 때까지 조리한다. (전자레인지가 없다면 오븐을 섭씨 200도[팬 섭씨 180도/ 가스 마크 6]로 예열한 후 감자가 노릇노릇해질 때까지 1시간 15분~1시간 반 동안 조리하자.)

베이컨 메달리온을 오븐의 그릴 또는 가스/전자레인지를 이용해 오일을 두르지 않은 프라이팬에서 조리한 후 한쪽에 놓아둔다.

오븐을 섭씨 200도(팬 섭씨 180도/ 가스 마크 6)로 예열하자.

익힌 감자를 (손이 데지 않을 정도로만) 살짝 식힌 다음 길게 반으로 자른 후 숟가락으로 감자의 안쪽을 퍼내어 볼에 담는다.

베이컨을 얇게 썰어주자.

감자를 포크로 대충 으깬 후 파와 코티지 치즈를 넣고 저어준다. 맛을 내기 위해 소금과 후추로 간한다.

속이 빈 감자 껍질에 방금 만든 혼합물을 다시 숟가락으로 떠 넣고 살짝 눌러주자. 각각의 감자에 얇게 썰어둔 베이컨을 얹고 파르메산 치즈를 뿌린다. 속을 채운 감자 껍질을 베이킹 트레이에 올려놓고 오븐에서 약 20분 또는 파르메산 치즈가 녹아 노릇노릇하게 구워질 때까지 조리한 후 내놓자.

---

[1] 감자 안을 퍼내고 안에다 치즈와 사워크림 같은 고칼로리 재료를 넣어 만든 요리

[2] 작은 알갱이들이 들어 있는 부드럽고 하얀 치즈

헌터스 치킨

HUNTER'S CHICKEN

🕐 **10분** | 🍲 **조리 도구에 따라 다름** 아래 참조 | 🔥 **343칼로리** 1회 제공량

영국의 펍* 정통요리인 헌터스 치킨은 가족이나 여러 사람들이 같이 먹을 수 있는 식사로 제격이다. 바삭바삭하게 구운 저지방 치즈를 얹어 내면 그야말로 풍성한 특별식 같은 느낌을 준다. 여기서는 전기 찜솥이나 오븐에서 조리하는 법을 담았다. 이 요리를 한번 맛보면 직접 펍을 차려 팔고 싶은 마음이 들 것이다.

───────────────── │ 주간 식도락 │ ─────────────────

4인분

- 닭가슴살 4쪽(껍질을 벗겨 눈에 띄는 지방을 제거해둔 것)
- 베이컨 메달리온 4장
- 양파 반 개(깍둑썰기해둔 것)
- 마늘 2쪽(찧어둔 것)
- 잘게 다진 토마토 통조림 400g 1개
- 토마토 퓌레 1테이블스푼
- 레몬 반 개(즙 내둔 것)
- 바비큐 양념 1테이블스푼
- 훈제 스위트 파프리카 1/4티스푼
  (또는 이 재료가 없는 경우 칠리 파우더나 일반 파프리카 가루)
- 발사믹 식초 1테이블스푼
- 우스터소스 2테이블스푼
- 화이트 와인 식초 2테이블스푼
- 핫소스 1테이블스푼
- 겨잣가루 1티스푼
- 굵은 입자의 감미료 1티스푼
- 저지방 체더치즈 80g(곱게 갈아둔 것)

*술을 비롯한 여러 음료와 흔히 음식도 파는 대중적인 술집

오븐 사용법
🍲 1시간

오븐을 섭씨 180도(팬 섭씨 160도/ 가스 마크 4)로 예열한다. 각 닭가슴살의 한가운데를 베이컨 메달리온으로 싸고 꼬챙이로 고정시키자.

남은 모든 재료(치즈 제외)를 오븐용 캐서롤 냄비에 넣는다. 재료 중 닭고기를 맨 위에 넣고 냄비에 딱 맞는 뚜껑을 덮은 후 오븐에서 1시간 동안 조리한다. 시간이 다 되면 닭이 익었는지 확인한 후 캐서롤 냄비에서 꺼내 한쪽에 놓아두자. 캐서롤 냄비에 있는 소스가 부드러워질 때까지 스틱 믹서기로 갈아준다.

조리된 닭고기를 오븐용 접시에 담은 후 꼬챙이를 빼고 4쪽의 닭가슴살에 골고루 소스를 부은 다음 그 위로 치즈를 뿌린다. 치즈가 녹아 노릇노릇한 황금색을 띨 때까지 뜨거운 그릴 아래 두자.

전기 찜솥 사용법
🍲 2시간 반~3시간

각 닭가슴살 한가운데를 베이컨 메달리온으로 싸고 꼬챙이로 고정시킨다.

남은 재료(치즈 제외)를 모두 전기 찜솥에 넣고 잘 저어주자. 베이컨 메달리온으로 싼 닭고기를 맨 위에 넣고 뚜껑을 덮는다. 전기 찜솥을 '하이'로 설정하고 2시간 반~3시간 동안 조리한다(전기 찜솥으로 하루 종일 두려면 '로우'로 설정한다).

시간이 다 되면 닭이 익었는지 확인한 후 전기 찜솥에서 꺼내 한쪽에
놓아두자. 전기 찜솥 냄비에 있는 남은 소스가 부드러워질 때까지 스틱
믹서기로 갈아준다.

조리된 닭고기를 오븐용 접시에 담은 후 꼬챙이를 빼고 4쪽의 닭가슴살에
골고루 소스를 부은 다음 그 위에 치즈를 뿌린다. 치즈가 녹아 노릇노릇한
황금색을 띨 때까지 뜨거운 그릴 아래 두자.

베이컨, 양파와 감자 구이

BACON, ONION AND POTATO BAKE

🕐 **10분** | 🍲 **1시간 15분** | 🔥 **415칼로리** 1회 제공량

이 감자 구이는 어린 시절 케이가 가장 좋아하던 요리 중 하나다. 만들기도 누워서 떡 먹기인 데다 재료를 최소화했는데도 맛이 정말 끝내주기 때문이다! 장담하건대 이 요리는 가족의 완벽한 인기 요리가 될 것이다.

주 간 식 도 락

글루텐없는 육수 큐브사용

4인분

- 양파 2개(얇게 썰어둔 것)
- 중간 크기 감자 1kg
  (껍질을 벗겨 얇게 썰어둔 것)
- 베이컨 메달리온 16장
  (취향과 포장 사이즈에 따라 더 많이 써도
  되지만, 칼로리 양 따지는 걸 잊지 말자)
- 닭고기 또는 채소 육수 200ml
  (닭고기 또는 채소 육수 큐브 1개를 200ml 물에
  넣고 끓여둔 것)
- 천일염과 갓 빻아둔 후추
- 저지방 체더치즈 40g(곱게 갈아둔 것)

오븐을 섭씨 200도(팬 섭씨 180도/ 가스 마크 6)로 예열하자.

오븐용 접시 바닥에 얇게 썰어둔 양파를 죽 깔고 그 위에 얇게 썰어둔 감자 두 장과 베이컨 한 장을 번갈아가며 놓는다. 이렇게 한 줄이 완성되면 다시 겹쳐 양파를 죽 깔고 그 위에 감자와 베이컨을 번갈아가며 다 사용할 때까지 반복해서 놓는다. 이때 겹친 층은 적어도 세 층이 되어야 한다.

맨 위에 육수를 붓고 약간의 소금과 후추로 간한다. 호일로 덮고 접시 주변을 호일로 단단히 밀봉하자.

오븐에서 1시간 동안 조리하고 호일을 벗겨 감자가 익었는지 확인한다. 감자가 익지 않았으면, 다시 호일을 덮어 오븐에 넣고 조금 더 오래 조리한다. 조리가 끝나면 맨 위에 치즈를 뿌리고 오븐에 다시 넣어 10~15분간 또는 치즈가 녹아 노릇노릇해질 때까지 조리하자.

Tip

감자는 킹 에드워드 또는 마리스 파이퍼 제품같이 전분이 많은 품종을 쓰자. 이 감자들은 수분도 많고 풍미를 돋워주기 때문이다.

버팔로 스킨

BUFFALO SKINS

🕐 5분 | 🗑 30분 | 🔥 68칼로리 1회 제공량

감자 대신 고구마를 쓰면 즉시 칼로리를 줄일 수 있다. 고구마의 맛과 더불어 정통 버팔로 핫소스와 노릇노릇 녹아내린 치즈 맛이 균형을 이룬 이 요리는 완벽한 건강식인 동시에 배불리 먹을 수 있는 요리이다.

주간 식도락

4인분

- 중간 크기 고구마 4개
- 파 5쪽(손질해서 잘게 다져둔 것)
- 저지방 체더치즈 20g(곱게 갈아둔 것)
- 저지방 크림치즈 75g
- 버팔로윙 핫소스 1티스푼
- 천일염과 갓 빻아둔 후추
- 파르메산 치즈(또는 베지테리언 하드 치즈) 15g(곱게 갈아둔 것)
- 채소 샐러드(내놓기용)

고구마 껍질에 숭숭 구멍을 내고 약 10분간 또는 익을 때까지 전자레인지에 돌린 후 약간 식을 때까지 그대로 두자. (전자레인지가 없으면 오븐을 섭씨 200도[팬 섭씨 180도/ 가스 마크 6]로 예열한 후 다 익을 때까지 35~45분 동안 조리한다.)

오븐을 섭씨 200도(팬 섭씨 180도/ 가스 마크 6)로 예열한다.

익힌 고구마를 길게 반으로 잘라 숟가락으로 각 고구마의 안쪽을 퍼낸 후 볼에 담아두자. 퍼낸 고구마를 포크로 대충 으깬 후 파, 체더치즈, 크림치즈, 핫소스를 넣고 섞어준다. (이때 다음에 쓰기 위해 이 혼합물로 속을 채운 고구마를 냉동해둘 수도 있다.)

속이 빈 고구마 껍질을 베이킹 트레이에 올려놓은 다음 방금 만든 혼합물을 다시 숟가락으로 떠넣고 살짝 누르자. 각 고구마 위에 파르메산 치즈를 골고루 뿌린 후 오븐에서 20분 정도 또는 치즈가 녹아 노릇노릇한 황금색을 띨 때까지 조리한다. 신선한 채소 샐러드를 곁들여 따뜻한 채로 내거나 식혀서 내놓자.

슬로피 조

SLOPPY JOES

🕐 **10분** | 🍲 **25분** | 🔥 **268칼로리** 1회 제공량

슬로피 조는 맛있고 포만감을 주는 고기 요리로 일반적으로 '번'을 쓴다. 이때 번 대신 피망을 쓰고 지방함량이 적은 다진 고기를 선택하면 훨씬 더 건강한 요리를 만들면서도 본연의 핵심 맛과 풍미를 모두 그대로 살릴 수 있다.

주 간 식 도 락

4인분

- 저칼로리 쿠킹 스프레이
- 양파 1개(잘게 깍둑썰기해둔 것)
- 마늘 2쪽(잘게 찧어둔 것)
- 초록 피망 1개(씨를 발라 얇게 썰어둔 것)
- 5% 지방이 함유된 다진 소고기 400g
- 겨잣가루 1티스푼
- 우스터소스 3테이블스푼
- 토마토 퓌레 3테이블 스푼
- 레드 와인 식초 1테이블스푼
- 물 120ml
- 천일염과 갓 빻아둔 후추
- 빨간 피망 1개(길게 반으로 잘라 씨를 빼둔 것)
- 노란 피망 1개(길게 반으로 잘라 씨를 빼둔 것)
- 저지방 체더치즈 40g(곱게 갈아둔 것)

오븐을 섭씨 200도(팬 섭씨 180도/ 가스 마크 6)로 예열한다.

큰 프라이팬에 저칼로리 쿠킹 스프레이를 뿌리고 중불에 올려놓는다. 양파, 마늘, 깍둑썰기해둔 녹색 피망을 넣고 부드러워지기 시작할 때까지 4~5분간 조리한다.

다진 소고기를 넣고 센 불로 올린 후 5분간 조리하다가 나무 숟가락으로 계속 저어주면서 다진 소고기를 으깨준다.

겨잣가루, 우스터소스, 토마토 퓌레, 레드 와인 식초, 물을 넣고 약불로 줄인 후 다시 3~4분간 조리한다. 맛을 내기 위해 소금과 후추로 간한다.

빨간 피망과 노란 피망 1개를 각각 반으로 자른 네 조각에 소고기 혼합물을 골고루 나누어 넣고 각 피망에 치즈를 골고루 뿌린 후 베이킹 트레이에 올려놓는다. 치즈가 노릇노릇해지고 피망이 익긴 했지만 아삭아삭한 식감이 남아 있도록 오븐에서 10분간 조리한다.

발사믹 렌틸콩을 곁들인 돼지고기
PORK ON BALSAMIC LENTILS

🕐 5분　|　🍲 30분　|　🔥 **250칼로리** 1회 제공량

콩류와 건두류는 곁들여 조리하기에 만족스러운 저칼로리 재료이다. 또 단백질과 섬유질이 풍부하고 포만감이 뛰어나 맛있고 푸짐한 식사에 제격이다. 마른 퓌 렌틸콩*을 구할 수 없는 경우 별도로 익힌 마른 렌틸콩 대신 이미 익힌 250g짜리 팩에 담긴 렌틸콩을 냄비에 넣도록 하자.

─────────── | 매일매일 가볍게 | ───────────

글루텐없는 육수 큐브사용 ↗

4인분

- 500g 돼지고기 살코기(눈에 띄는 지방은 모두 제거하고 네 번 칼집 내둔 것)
- 타임 잔가지 12개
- 천일염과 갓 빻아둔 후추
- 퓌 렌틸콩 125g
- 저칼로리 쿠킹 스프레이
- 양파 1개(잘게 다져둔 것)
- 중간 크기 당근 2개(작게 깍둑썰기해둔 것)
- 마늘 2쪽(찧어둔 것)
- 닭고기 육수 150ml(닭고기 육수 큐브 1개를 150ml 물에 넣고 끓여둔 것)
- 다진 토마토 통조림 400g짜리 1개
- 발사믹 식초 2테이블스푼

오븐을 섭씨 190도(팬 섭씨 170도/ 가스 마크 5)로 예열한다.

돼지고기 살코기의 칼집을 내둔 곳마다 타임 잔가지를 쑤셔 넣고 소금과 후추로 밑간을 한다. 베이킹 시트에 넣고 오븐에서 30분간 조리한다.

물 부피의 3배가량에 해당하는 마른 렌틸콩을 냄비에 넣어 펄펄 끓이고 그 뒤 20분간 뭉근히 끓인다.

렌틸콩이 익는 동안 큰 냄비에 저칼로리 쿠킹 스프레이를 뿌린 후 약불에 올려놓는다. 양파, 당근, 찧어둔 마늘을 넣고 10분간 또는 양파가 부드러워질 때까지 재빨리 볶자. 여기에 남은 타임 잎사귀를 가지에서 떼어내 육수 및 잘 다진 토마토와 함께 넣은 후 뭉근히 끓이면서 10분간 조리한다.

렌틸콩의 물기를 빼고 냄비에 담는다. 발사믹 식초를 넣고 섞어주며 다시 5분간 더 은근한 불에서 뭉근히 끓이자.

오븐에서 돼지고기를 꺼내 익었는지 확인한 후 12조각으로 썰어준다. 렌틸콩을 숟가락으로 네 개의 접시에 퍼 담고, 그 위에 돼지고기 조각을 얹어 내놓자.

* 품종을 개량해 단맛이 두드러지는 렌틸콩

요크셔 푸딩 랩

YORKSHIRE PUDDING WRAP

🕐 **10분** | 🗑 **10분** | 🔥 **281칼로리** 1회 제공량

탄수화물에 대한 엄청난 욕구 때문이었는지는 모르겠지만 거대한 요크셔 푸딩(아래 설명 참조)에 대한 레시피를 연구하고 있을 때 문득 '샌드위치 빵 대신 랩을 쓰면 어떨까?'라는 아이디어가 떠올랐다. 결국 우리는 이 조리법을 완성했고, 지금 이 레시피는 핀치 오브 넘의 인기 메뉴로 등극했다. 샐러드 잎과 얇게 썬 구운 소고기로 가득 채운 이 얼마나 완벽한 로스트 비프 요크셔 푸딩 랩인가?

───────── ┤ 주 간 식 도 락 ├ ─────────

2인분

- 저칼로리 쿠킹 스프레이
- 일반 밀가루 30g
- 중간 크기 달걀 2개
- 무지방 우유 75ml
- 천일염
- 버섯 6개(얇게 썰어둔 것)
- 양파 반 개(얇게 썰어둔 것)
- 루콜라 한 줌
- 썰어둔 구운 소고기 2쪽(지방을 잘라낸 것)
- 채소 샐러드(내놓기용)

오븐을 섭씨 230도(팬 섭씨 210도/ 가스 마크 8)로 예열하고 저칼로리 쿠킹 스프레이로 23cm의 라운드 케이크 틴*에 넉넉히 뿌린다. 케이크 틴을 오븐에 넣어 기름이 약간 거품이 일기 시작할 때까지 1~2분 동안 두자.

그러는 동안 적당한 크기의 볼에 밀가루, 달걀, 우유와 소금을 약간 넣은 후 혼합물이 부드러워질 때까지 손으로 저어준다.

오븐에서 뜨거워진 케이크 틴을 꺼내 반죽을 부은 후 다시 오븐에 넣어 8~10분 또는 가장자리가 노릇노릇하게 부풀어 오를 때까지 조리한다. 너무 바삭바삭하게 되면 내용물을 넣어 둥그렇게 말기 어려울 수 있으므로 주의하자.

요크셔 푸딩이 조리되는 동안 프라이팬에 저칼로리 쿠킹 스프레이를 뿌리고 중불에 올려놓는다. 얇게 썰어둔 버섯과 양파를 넣고 노릇노릇하게 익을 때까지 4~5분 정도 재빨리 볶아준다.

요크셔 푸딩을 오븐 및 케이크 틴에서 꺼내 그 위에 루콜라를 가득 뿌리자. 썰어둔 구운 소고기, 조리된 양파, 버섯을 넣어 둥그렇게 만 후 반으로 잘라 샐러드와 함께 내놓는다.

Tip

이 반죽으로 환상적인 자이언트 요크셔 푸딩의 조리법이 완성된다. 그저 오븐에 넣고 푸딩이 노릇노릇하게 부풀어 오르며 모양이 나올 때까지 좀 더 오래(10~12분) 조리하자.

* 케이크를 굽는 둥근 모양의 조리도구

레몬과 타임 로스트 치킨
LEMON AND THYME ROAST CHICKEN

🕐 **5분** | 🍲 **대략 1시간 30분** | 🔥 **167칼로리** 1회 제공량

때론 집에서 만든 근사한 로스트 요리보다 좋은 건 없다. 레몬과 타임의 정통 풍미를 조합한 이 요리는 집에서 만든 그레이비 소스와 구운 채소를 곁들인 맛있고 촉촉한 닭고기와 완벽한 궁합을 자랑한다. 일단 한번 맛보면 주중에도 더 자주 만들어 먹고 싶은 유혹에 빠질 것이다. 조리된 후 치킨 껍질을 벗겨서 내놔도 이미 고기 속에 스며든 맛있는 풍미를 즐길 수 있을 뿐 아니라 지방 섭취도 줄일 수 있다.

――――――― | **매일매일 가볍게** | ―――――――

4~6인분

- 큰 닭고기 1마리
- 레몬 1개(껍질은 갈고, 레몬 알맹이는 반으로 잘라둔 것)
- 소금 1티스푼(플레이크[1]가 적합)
- 잘 빻아둔 후추
- 말린 타임 1/2티스푼(또는 원할 경우 신선한 타임 한 다발)
- 말린 이탈리아 허브 1/2티스푼
- 마늘 2쪽(찧어둔 것)
- 저칼로리 쿠킹 스프레이
- 물 250ml
- 쪄둔 채소(내놓기용)

조리하고자 하는 시간의 약 30분 전에 닭고기를 냉장고에서 꺼내두자.

오븐을 섭씨 190도(팬 섭씨 170도/ 가스 마크 5)로 예열한다.

바닥에 구이용 선반이 있는 크고 깊은 로스팅 트레이[2]에 닭고기를 넣는다. 구이용 선반이 없다면 쿠킹 호일로 만든 삼발이를 쓰자(이렇게 해야 닭고기가 육즙과 지방에 잠겨 조리되는 일이 없다).

볼에 레몬 껍질, 소금, 후추, 타임, 이탈리아 허브, 마늘을 넣고 잘 섞어준다.

닭고기에 저칼로리 쿠킹 스프레이를 뿌린 후 허브 혼합물을 전체적으로 펴 바르자. 레몬 반쪽을 닭고기 안쪽에 넣어준다.

로스팅 트레이 바닥에 물을 부은 후 포장에 적힌 안내 문구에 따라 닭다리의 제일 두꺼운 부위에 칼을 꽂았을 때 육즙이 맑게 흐를 때까지 조리한다. (이 과정은 대략 킬로당 40분 플러스 20분 걸린다.)

오븐에서 꺼내 15분 동안 그대로 두었다가 내놓자.

――――

[1] 천일염을 만들 때 부수물로 만들어지는 소금으로 아주 가늘고 눈처럼 생긴 결정체
[2] 오븐에 고기를 굽는 데 쓰는 조리도구

THE
Sloppy Joes
ARE ANOTHER
DEFINITE HIT!

슬로피 조는 또 하나의 히트 요리다! 케리

"

오늘밤 럼블데썸스를 한번 만들어봤다!
배고파 죽을 지경이던 십대 여섯 명의
취향을 그대로 저격했다!

데비

시금치와 리코타 카넬로니를
막 만들어봤는데
맛이 정말 끝내준다!

케이틀린

럼블데썸스
RUMBLEDETHUMPS

🕐 **10분** | 🍲 **40분** | 🔥 **162칼로리** 1회 제공량

우리의 환상적인 맛 시식단에게 이 레시피의 검토를 요청하자 가장 많이 쏟아진 질문이 "그런데…… 럼블데 썸스가 뭐예요?"였다. 보통 '업 노스[Up North][1]'라는 이름으로 들어봤을 이 요리는 스코틀랜드판 아일랜드 콜캐논 Colcannon[2] 또는 영국 전통 음식인 잉글리시 버블 앤 스퀵 English Bubble and Squeak[3]을 말한다. 그럼 왜 이 요리를 럼블데 썸스라고 부를까? 그건 당연히 우리가 북부 지방 출신이기 때문이다.

—— | 주 간 식 도 락 | ——

4인분

- 중간 크기 감자 400g(껍질을 벗겨 깍둑썰기해둔 것)
- 스웨덴 순무 200g(껍질을 벗겨 깍둑썰기해둔 것)
- 저칼로리 쿠킹 스프레이
- 작은 양파 반 개(얇게 썰어둔 것)
- 녹색 또는 흰색 양배추 125g (얇게 썰어둔 것)
- 천일염과 갓 빻아둔 후추
- 중간 크기 달걀노른자 1개
- 저지방 체더치즈 40g(곱게 갈아둔 것)

깍둑썰기해둔 감자와 스웨덴 순무를 끓는 소금물이 담긴 프라이팬에 넣어 부드러워질 때까지 조리한 후 물기를 빼서 한쪽에 놓아두자.

오븐을 섭씨 200도(팬 섭씨 180도/ 가스 마크 6)로 예열한다.

큰 프라이팬에 저칼로리 쿠킹 스프레이를 뿌리고 중불에 올려놓는다. 양파와 양배추를 넣고 약간 부드러워지기 시작할 때까지 3~4분간 조리한 후 조리된 감자와 스웨덴 순무를 넣고 포크나 스푼으로 듬성듬성 약간 덩어리지도록 으깨준다.

소금과 후추로 간하여 달걀노른자를 넣고 저어준 후 오븐용 접시에 옮겨 담자. 여기에 갈아놓은 치즈를 골고루 뿌리고 오븐에서 15~20분 또는 치즈가 녹아 노릇노릇해질 때까지 조리한다.

오븐에서 꺼내 내놓자.

---

[1] 영국에서 주로 남부지방 사람들에 의해 사용되는 용어
[2] 마늘과 감자를 기본으로 양배추, 케일, 양파, 파 등의 다른 채소를 사용해서 만드는 대표적 아일랜드 전통 요리
[3] 감자가 주식인 영국에서 으깬 감자나 구운 감자로 뚝딱 만들어 먹는 음식

치킨, 햄과 부추 파이

CHICKEN, HAM AND LEEK PIE

🕐 **5분** | 🗑 **30분** | 🔥 **301칼로리** 1회 제공량

파이는 재료 몇 가지만 교체해도 칼로리 걱정 없이 불금을 빛낼 특별한 한 끼를 만들 수 있는 근사한 메뉴다. 토핑으로 칼로리 높은 파삭파삭한 페이스트리 대신 필로 페이스트리[1]를 써도 얼마든지 정통 파이의 맛과 식감을 재현할 수 있다. 어디 그뿐인가? 저지방 크림치즈는 다른 재료들과 섞여 이 요리에 딱 맞는 화려하고 크리미한 소스를 완성해준다. 내놓을 때 채소 샐러드나 계절에 따라 쪄둔 채소를 함께 곁들여보자.

─────────── │ 주 간 식 도 락 │ ───────────

4인분

- 저칼로리 쿠킹 스프레이
- 서양 부추 2쪽(손질하고 씻어서 두툼하게 썰어둔 것)
- 양파 반 개(잘게 다져둔 것)
- 닭가슴살(껍질과 눈에 띄는 지방은 제거하고 깍둑썰기해둔 것) 500g
- 겨잣가루 2티스푼
- 닭고기 육수 350ml(닭고기 스톡팟 1개를 350ml 물에 넣고 끓여둔 것)
- 옥수수 분말 1테이블스푼
- 물 1테이블스푼
- 저지방 크림치즈 75g
- 조리된 햄 150g(눈에 띄는 지방은 제거한 후 한입 크기로 썰어둔 것)
- 타임의 잔가지 한 개에서 나온 잎(잘게 다져둔 것)
- 필로 페이스트리 50g(대략 자그마한 크기로 2장 반 정도의 분량)

오븐을 섭씨 200도(팬 섭씨 180도/ 가스 마크 6)로 예열한다.

냄비에 저칼로리 쿠킹 스프레이를 뿌린 후 약불에 올려놓는다. 얇게 썰어둔 부추와 양파를 넣고 부드러워질 때까지 6~8분간 재빨리 볶은 후 닭고기를 넣고 5분간 조리한다. 겨잣가루와 닭고기 육수를 넣고 뭉근히 끓이면서 10분간 조리한다.

여기에 옥수수 분말과 섞은 물을 넣고 재빨리 저으면서 소스를 걸쭉하게 한 후 크림치즈, 햄, 타임을 넣고 섞어준 다음 닭고기 혼합물을 중간 크기의 파이 디시[2]로 옮기자.

필로 페이스트리를 12조각 낸 후 각 조각에 저칼로리 쿠킹 스프레이를 뿌리고 가볍게 바스러뜨린다. 바스러뜨린 조각들을 파이 디시가 전부 덮이도록 닭고기 혼합물 위에 얹는다.

파이 디시를 베이킹 트레이에 올려놓고(혼합물이 끓어 거품이 넘쳐 오르는 걸 받기 위해) 오븐에서 10분 또는 반죽이 노릇노릇해질 때까지 구운 후 즉시 내놓자.

---

[1] 얇은 반죽을 여러 겹 포개 만든 파이의 일종
[2] 파이를 구울 때 쓰는 오븐용 접시

참치 파스타 빵

TUNA PASTA BAKE

🕐 **10분** | 🍲 **20분** | 🔥 **313칼로리** 1회 제공량

이 파스타 빵은 가장 장엄한 풍미의 조합이라 할 수 있는 참치, 치즈와 어우러진다! 참치 위로 치즈가 녹아내린 따뜻한 샌드위치 요리를 푸짐한 파스타 요리로 바꾸는 걸 한번 상상해보자. 그럼 왜 그토록 이 요리가 인기 있는지 실감이 날 것이다. 시금치로 가득하면서 맛도 있고 포만감을 주는 이 레시피는 치즈를 아껴 쓰면서도 기발한 양념으로 더 많은 풍미를 살려낸다.

――――――――――――――| 주 간 식 도 락 |――――――――――――――

6인분

- 건파스타 300g
  (취향에 따라 어떤 모양이든 선택)
- 저칼로리 쿠킹 스프레이
- 서양 호박 2개(1cm 크기로 깍둑썰기해둔 것)
- 파 5쪽(손질해서 얇게 썰어둔 것)
- 훈제 스위트 파프리카 1/2티스푼
- 마늘 과립 1/2티스푼
- 채소 또는 닭고기 육수 400ml
  (채소 또는 닭고기 육수 큐브 2개를 400ml 물에 넣고 끓여둔 것)
- 냉동 완두 100g
- 시금치 100g
- 레몬 반 개(즙 내둔 것)
- 저지방 크림치즈 150g
- 참치 통조림 160g짜리 2개(기름 빼둔 것)
- 저지방 체더치즈 40g(곱게 갈아둔 것)

오븐을 섭씨 190도(팬 섭씨 170도/ 가스 마크 5)로 예열한다.

파스타를 끓이기 위해 물이 담긴 큰 프라이팬을 가스/전자레인지에 올려놓는다. 포장에 적힌 안내 문구에 따라 파스타를 끓는 물에 넣고 조리하자.

파스타가 익는 동안 큰 프라이팬에 저칼로리 쿠킹 스프레이를 뿌리고 중불에 올려놓는다. 호박과 파를 넣고 5분 동안 재빨리 볶은 후 파프리카와 마늘 과립을 넣어 섞어준다. 여기에 육수, 냉동 완두, 시금치, 레몬즙을 넣고 시금치가 풀이 죽을 때까지 2~3분간 조리한 후 크림치즈를 넣어 섞어준다.

볼에 참치를 넣고 으깨준다.

물기를 뺀 파스타와 채소 및 으깬 참치를 시금치와 다른 채소 혼합물을 볶은 팬에 넣고 모든 재료가 잘 섞이도록 저어준다. 내용물을 큰 오븐용 접시에 담고 그 위에 빻아둔 치즈를 뿌린 후 베이킹 트레이에 올려놓고 오븐에서 15분간 조리한다.

오븐에서 꺼내 내놓자.

볼로네즈 베이크

BOLOGNESE BAKE

🕐 **20분** | 🍲 **조리 도구에 따라 다름** 아래 참조 | 🔥 **403칼로리** 1회 제공량

볼로네즈보다 더 근사한 정통 요리는 없다. 단 근사한 파스타 빵은 예외다. 그렇담 볼로네즈와 파스타 빵 두 가지를 조합해보면 어떨까? 여기에선 미리 만들어놓고 간편하게 먹을 수 있는 특별한 전기 찜솥/압력솥 레시피를 소개한다. 이 메뉴는 그야말로 수선 떨며 요리할 필요 없이 뚝딱 만들어 먹을 수 있는 초간단 가족 저녁 식사로 제격이다.

─────────── 매일매일 가볍게 ───────────

4인분

- 5% 지방이 함유된 다진 소고기 400g
- 천일염과 갓 빻아둔 후추
- 저칼로리 쿠킹 스프레이(압력솥에서 조리하는 경우)
- 파사타 소스 500g짜리 1통
- 다진 토마토 통조림 400g짜리 1개
- 토마토 퓌레 1테이블스푼
- 중간 크기 당근 1개(깍둑썰기해둔 것)
- 셀러리 1대(깍둑썰기해둔 것)
- 버섯 5개(깍둑썰기해둔 것)
- 피망 1개(녹색 또는 빨간색 또는 노란색 피망의 씨를 발라 얇게 썰어둔 것)
- 양파 1개(깍둑썰기해둔 것)
- 마늘 4쪽(찧어둔 것)
- 우스터소스 1테이블스푼
- 소고기 육수 큐브 2개(바스러뜨려둔 것)
- 말린 오레가노 1/2티스푼
- 말린 바질 1/2티스푼
- 말린 로즈마리 1/4티스푼
- 말린 파스타 200g(펜네,[1] 리가토니,[2] 토르텔리니,[3] 뭐든 원하는 모양을 쓰자)
- 끓는 물 250ml

---

[1] 짧은 대롱 모양 파스타로 양끝이 펜촉 모양으로 비스듬히 잘림
[2] 바깥쪽에 줄무늬가 있는 튜브 모양의 파스타
[3] 소를 넣은 초승달 모양의 껍질 양끝을 비틀어 붙여 고리 모양으로 만든 파스타

압력솥 사용법 🍲 45분

다진 고기를 소금과 후추로 간하고 한쪽에 놓아두자.

압력솥을 소테/브라우닝으로 설정하고 압력솥 냄비에 저칼로리 쿠킹 스프레이를 뿌린다. 양파와 마늘을 부드러워질 때까지 3~4분간 조리한다. 다진 고기를 넣어 노릇노릇해질 때까지 조리하자.

파스타와 끓는 물을 제외한 모든 다른 재료를 넣고 압력솥을 매뉴얼/스튜 및 30분으로 설정하고 압력추가 저절로 내려갈 때까지 두자(Natural Pressure Release/NPR로 설정).

압력솥 냄비의 뚜껑을 열고 파스타를 넣는다. 파스타를 잘 저어주다가 포장에 적힌 안내 문구에 따라 파스타 조리 시간의 절반 동안 조리하자. 가령, 파스타 조리 시간이 12분인 경우, 압력솥을 6분으로 설정한다. 압력추가 저절로 내려가도록 둔 후(퀵 릴리스Quick Release로 설정) 저어주면서 파스타가 익었는지 확인하고 내놓는다.

전기 찜솥 사용법 🍲 5시간 30분

다진 고기를 소금과 후추로 간하고 한쪽에 놓아두자.

파스타와 끓는 물을 제외한 모든 다른 재료를 전기 찜솥에 넣는다. 전기 찜솥을 '미디엄-하이'로 설정하고 약 5시간 동안 조리한다. 5시간 후에 끓는 물과 마른 파스타를 넣고 잘 저어준 후 다시 25~30분간 조리하자. 파스타가 조리되고 있을 때 맛을 내기 위해 소금과 후추로 간한다.

파르메산 치즈를 입힌 치킨

CHICKEN PARMIGIANA

🕐 **15분** | 🗑 **35분** | 💧 **277칼로리** 1회 제공량

어린 시절 가장 즐겨 먹던 요리다. 학교에서 집으로 돌아올 때 따뜻하고 풍부한 토마토소스에 바삭바삭한 닭고기를 넣은 요리가 날 기다리고 있다고 상상하는 것보다 즐거운 일은 없었다. 이 조리법에선 섬유질은 약간 늘리고 칼로리는 줄이기 위해 통밀빵을 쓴다. 아울러 저칼로리 쿠킹 스프레이를 쓰기 때문에 맛있고 바삭바삭한 닭고기 껍질을 포기할 필요도 없다!

주간 식도락

4인분

- 닭가슴살 2쪽(껍질과 눈에 띄는 지방은 제거해둔 것)
- 파사타 소스 500g짜리 1통
- 방울토마토 400g짜리 1개(깡통에 든 다진 토마토도 괜찮다)
- 말린 오레가노 1테이블스푼
- 토마토 퓌레 2테이블스푼
- 물 200ml
- 말린 칠리 플레이크 한 꼬집
- 천일염과 갓 빻아둔 후추
- 마늘 3쪽(찧어둔 것)
- 큰 달걀 1개
- 통밀빵 120g(묵은 빵이 가장 좋다)
- 파르메산 치즈 30g(곱게 갈아둔 것)
- 저칼로리 쿠킹 스프레이
- 저지방 체더치즈 40g(곱게 갈아둔 것)

오븐을 섭씨 190도(팬 섭씨 170도/ 가스 마크 5)로 예열한다.

닭가슴살을 길게 토막 내두자. 토막 낸 각각의 닭가슴살을 2장의 식품 포장용 비닐 랩 사이에 넣고 밀가루 반죽을 미는 데 쓰는 방망이(또는 다른 적합한 나무망치)로 두께가 약 5mm가 될 때까지 세게 두들겨준다. 나머지 닭가슴살에 대해서도 똑같이 한 후 한쪽에 놓아두자.

큰 오븐용 베이킹 접시에 파사타, 방울토마토 통조림, 오레가노, 토마토 퓌레, 물, 칠리 플레이크를 넣고 소금과 후추로 간한 후 찧어둔 마늘을 넣고 잘 섞어 한쪽에 놓아둔다. 낮은 접시에 달걀을 넣고 잘 풀어주자.

미니 전기 분쇄기나 푸드 프로세서에 빵을 넣고 잘게 갈아준다. 잘게 간 빵가루와 곱게 갈아둔 파르메산 치즈를 얕은 접시에 넣자.

닭고기에서 랩을 떼고 잘 풀어둔 달걀에 닭고기 한 조각을 담갔다가 빵가루에 넣어 빵가루가 골고루 입혀졌는지 확인한 후 한쪽에 놓아둔다. 남은 빵가루가 모자라지 않는지 확인하면서 남은 닭고기에 대해서도 똑같이 반복하자.

큰 프라이팬에 저칼로리 쿠킹 스프레이를 뿌려 중불에 올려놓고 토막 낸 각 닭고기의 양면을 3분 또는 노릇노릇해질 때까지 튀긴다. 닭고기를 뒤집을 땐 저칼로리 쿠킹 스프레이를 조금 더 뿌려주자. (오븐에서 충분히 익히게 될 터이므로 닭고기를 완전히 익힐 필요는 없다.)

오븐용 베이킹 접시에 토마토와 함께 튀긴 닭고기를 넣는다. 남은 빵가루와 곱게 갈아둔 체더치즈를 섞은 다음 튀겨낸 닭고기에 골고루 뿌리자. 치즈가 녹을 때까지 25분간 오븐에서 구운 후 즉시 내놓는다.

컴벌랜드 파이
CUMBERLAND PIE

🕐 **10분** | 🍲 **조리 도구에 따라 다름** 아래 참조 | 🔥 **520칼로리** 1회 제공량

이번에 소개할 핀치 오브 넘의 인기 요리는 풍성한 소고기 육수와 얇게 썬 감자를 조합한, 친숙하면서도 건강에 좋은 컴벌랜드 파이다. 신선한 허브와 약간의 우스터소스 같은 재료로 향미를 더할 뿐 아니라 일부 재료만 바꾸었는데도 칼로리가 낮아지는 놀라운 요리가 탄생할 것이다!

━━━━━━━━━━┥ 주 간 식 도 락 ┝━━━━━━━━━━

6인분

- 스튜용 스테이크 750g(껍질과 눈에 띄는 지방은 제거한 후 한입 크기로 썰어둔 것)
- 천일염과 갓 빻아둔 후추
- 저칼로리 쿠킹 스프레이
- 소고기 육수 450ml(소고기 육수 큐브 1개를 450ml 물에 넣고 끓여둔 것)
- 양파 2개(깍둑썰기해둔 것)
- 중간 크기 당근 3개(듬성듬성 썰어둔 것)
- 셀러리 줄기 2대(뭉텅뭉텅 썰어둔 것)
- 타임 잔가지 몇 개
- 토마토 퓌레 2테이블스푼
- 우스터소스 2테이블스푼
- 소고기 스톡팟 2개
- 월계수 잎 3장
- 중간 크기 감자 900g(껍질을 벗겨둔 것)
- 옥수수 분말 3테이블스푼
- 저지방 체더치즈 120g(곱게 갈아둔 것)

오븐 또는 가스/전자레인지 사용법
🍲 **3시간~3시간 30분**

고기에 소금과 후추로 밑간을 한다. 오븐을 쓴다면 오븐을 섭씨 160도(팬 섭씨 140도/ 가스 마크 3)로 예열한다.

큰 오븐용 프라이팬이나 캐서롤 냄비에 저칼로리 쿠킹 스프레이를 뿌리고 중불에 올려놓는다. 고기를 작게 잘라 몇 번에 걸쳐 노릇노릇하게 구워낸 후 한쪽에 놓아두자. 소고기 육수를 냄비에 약간 넣고 디글레이즈한 후 바닥에 남은 고기 조각을 긁어준다. 바닥에 고기 조각이 하나도 없으면 양파, 당근, 셀러리, 타임 잔가지를 넣고 부드러워질 때까지 4~5분간 조리한 후 토마토 퓌레와 우스터소스를 넣고 저어준다.

나머지 육수와 노릇노릇하게 구운 고기, 월계수 잎을 넣고 저어주다가 펄펄 끓기 시작하면 뚜껑을 덮고 오븐이나 약불의 가스/전자레인지에서 2시간~2시간 30분간 조리한다. (가스/전자레인지에서 조리하는 경우 약불에 올려놓고 액체가 졸아 없어지지 않도록 계속 지켜보자.)

고기가 조리되는 동안 감자는 거의 익어 부드럽지만 단단함을 유지할 정도로 조리한다. 이 과정은 전자레인지(8~10분)를 이용하거나 냄비에 물을 끓여서 할 수 있다. 감자를 식힌 후 1cm 조각으로 썰어준다.

2시간~2시간 30분이 지나면 스톡팟을 넣고 섞어준다. 약간의 물이 담긴 컵에 옥수수 분말을 넣어 섞은 후 냄비에 붓고 고기가 너무 많이 부스러지지 않도록 주의하면서 잘 저어준다. 오븐의 온도를 높이거나 섭씨 200도(팬 180도/ 가스 마크 6)로 예열한다.

혼합물을 큰 캐서롤이나 라자냐 접시에 붓자. 썰어둔 감자를 위에 얹고
저칼로리 쿠킹 스프레이를 뿌린다.

오븐에서 20분 동안 조리하고 갈아놓은 치즈를 위에 얹은 후 치즈가 녹아
노릇노릇해질 때까지 10분간 더 조리하자.

압력솥 사용법 ㅣ 전기 찜솥 사용법 →

압력솥 사용법
🍲 50분

고기에 소금과 후추로 밑간을 한다. 압력솥을 소테/브라우닝으로 설정하고 저칼로리 쿠킹 스프레이를 뿌린다. 압력솥을 중불로 설정해 고기를 노릇노릇하게 구운 후 한쪽에 놓아두자.

소고기 육수를 압력솥에 약간 넣고 디글레이즈한 후 바닥에 남은 고기 조각을 긁어주자. 양파, 당근, 셀러리, 타임 잔가지를 넣고 채소가 부드러워질 때까지 4~5분 동안 조리한다. 토마토 퓌레와 우스터소스를 넣고 섞어준 후 남은 육수와 스톡팟, 노릇노릇하게 구운 고기, 월계수 잎을 넣는다.

압력솥의 뚜껑을 닫고 매뉴얼/스튜로 설정한 후 15분간 조리한다.

압력추가 저절로 내려가도록 설정하고 완료되면 뚜껑을 열자.

그러는 동안 감자는 거의 익어 부드럽지만 단단함을 유지할 정도로 끓는 물에 조리한다. (또는 전자레인지에서 8~10분간 조리하자.) 물기를 빼고 약간 식힌 후 약 1cm 두께로 감자를 얇게 썰어준다.

오븐을 섭씨 200도(팬 섭씨 180도/ 가스 마크 6)로 예열한다. 옥수수 분말을 약간의 물과 함께 컵에 넣어 섞은 후 이것을 압력솥 냄비에 붓고 고기가 너무 많이 부서지지 않도록 주의하면서 잘 저어준다.

혼합물을 커다란 캐서롤 냄비나 라자냐 접시에 붓는다. 썰어둔 감자를 위에 얹고 저칼로리 쿠킹 스프레이를 뿌리자. 오븐에서 20분 동안 조리하고 그 위에 갈아놓은 치즈를 얹은 후 치즈가 녹아 노릇노릇해질 때까지 10분 더 조리한다.

전기 찜솥 사용법
🍲 6시간 반~7시간

고기에 소금과 후추로 밑간을 한다. 큰 프라이팬에 저칼로리 쿠킹 스프레이를 뿌린다. 고기를 작게 잘라 몇 번에 걸쳐 센 불에서 노릇노릇하게 구워낸 후 한쪽에 놓아두자.

프라이팬에 육수를 약간 넣고 디글레이즈하도록 잘 저어주자. 바닥에 붙어 있는 부분이 하나도 남지 않으면 전기 찜솥에 노릇노릇하게 구운 고기와 다져둔 채소를 약간의 타임 잔가지와 함께 넣는다.

토마토 퓌레와 우스터소스를 넣고 섞은 후 남은 육수와 스톡팟, 월계수 잎을 넣어준다.

'하이'에서 5~6시간 조리한다. 이때 액체가 약간 줄어들도록 뚜껑을 열어야 할 수도 있다. 고기가 조리되면 옥수수 분말과 약간의 물을 섞은 후 이 내용물을 냄비에 옮겨 붓고 고기가 너무 많이 부서지지 않도록 주의하면서 잘 저어준다. 고기를 적당한 크기의 오븐용 캐서롤 냄비나 라자냐 접시에 담자.

오븐을 섭씨 200도(팬 섭씨 180도/ 가스 마크 6)로 예열한다. 감자는 거의 익어 부드럽지만 단단한 상태를 유지할 정도로 조리한다. (또는 전자레인지에서 8~10분간 조리하자.) 물기를 빼고 약간 식힌 후 약 1cm 두께로 얇게 썰어둔 감자를 캐서롤 냄비나 라자냐 접시에 담긴 고기 위에 얹고 저칼로리 쿠킹 스프레이를 뿌린다.

오븐에서 20분 동안 조리하고 그 위에 갈아놓은 치즈를 얹은 후 치즈가 녹아 노릇노릇해질 때까지 10분간 더 조리한다.

고기와 감자 패스티
MEAT AND POTATO PASTIES

🕐 **10분** | 🍲 **조리 도구에 따라 다름** 아래 참조 | 🔥 **530칼로리** 1회 제공량

우리는 웹사이트에 엄선된 패스티* 레시피를 갖춰놓았는데 이 요리는 항상 핫한 메뉴! 이 레시피에서처럼 기름진 페이스트리 대신 저칼로리 토르티야 랩을 써도 똑같이 노릇노릇하고 바삭바삭한 외관을 만들어낼 수 있다. 정통 고기와 감자로 속을 가득 채워 칼로리는 상대적으로 다소 높아도 얼마든지 감수할 만한 만족스러운 끼니가 될 것이다. (사진은 뒷면 참조)

───────────────── 특 별 한 날 │───

글루텐없는랩사용

4인분

- 스튜용 스테이크 500g(껍질과 눈에 띄는 지방은 제거한 후 한입 크기로 썰어둔 것)
- 천일염과 갓 빻아둔 후추
- 저칼로리 쿠킹 스프레이
  (압력솥에서 조리할 경우)
- 샬롯 8개(껍질을 벗겨 통째로 둔 것)
- 중간 크기 당근 3개(얇게 썰어둔 것)
- 버섯 100g(4등분해둔 것)
- 소고기 육수 400ml(소고기 육수 큐브 1개를 400ml 물에 넣고 끓여둔 것)
- 우스터소스 1테이블스푼
- 소고기 스톡팟 1개
- 발사믹 식초 1테이블스푼
- 마른 타임 1티스푼
- 큰 감자 2개(껍질을 벗겨 얇게 썰어둔 것)
- 중간 크기 달걀 1개
- 저칼로리 토르티야 랩 4장
- 양파 1개(얇게 썰어둔 것)

오븐 사용법 🍲 3시간

고기에 소금과 후추를 듬뿍 넣어 밑간을 한다.

오븐을 섭씨 160도(팬 섭씨 140도/ 가스 마크 3)로 예열한다.

모든 재료(달걀, 토르티야 랩, 얇게 썰어둔 양파 제외)를 오븐용 캐서롤 냄비에 담자. 뚜껑을 덮고 오븐에 넣어 2시간~2시간 30분 동안 조리한다.

조리 후반 마지막 1시간 동안 뚜껑을 열어두어 습기가 빠져나가고 소스가 걸쭉해지게 한 후 식히자.

오븐을 섭씨 180도(팬 섭씨 160도/ 가스 마크 4)까지 올린다.

그릇에 달걀을 넣어 풀어준다. 그리고 토르티야 랩 절반의 한쪽에 고기를 몇 숟가락 떠 올린다. 이때 패스티를 너무 많이 채우지 않도록 주의하자. 너무 많이 채울 경우 조리 중에 패스티가 잘 안 붙거나 터질 수도 있다. 고기 위에 얇게 썰어둔 양파를 얹자.

풀어놓은 달걀로 랩의 가장자리를 따라 붓질해주고 랩을 접는다. 랩의 가장자리를 포크로 단단히 눌러준 후 풀어놓은 달걀로 끝부분에도 붓질해주자. 남은 세 개의 랩에 대해서도 이 과정을 반복해준다.

패스티를 베이킹 트레이에 넣고 노릇노릇해질 때까지 15~20분 동안 굽는다. 취향에 따라 곁들일 것과 함께 내놓자.

*만두처럼 반죽 속에 고기와 채소로 소를 채워 넣고 구운 요리

압력솥 사용법 | 전기 찜솥 사용법 →

압력솥 사용법

🍲 1시간 10분

고기에 소금을 듬뿍 뿌려 밑간을 한다.

압력솥을 소테Sauté로 설정하고, 저칼로리 쿠킹 스프레이를 뿌린다. 고기를 넣고 모든 면을 노릇노릇하게 구운 후 압력솥에서 빼내 한쪽에 놓아두자.

압력솥에 스톡과 우스터소스를 넣고 디글레이즈한다. 양파, 당근, 버섯, 샬롯을 넣고 양파가 색이 변하기 시작할 때까지 3~4분 동안 볶아준다. 고기와 남은 재료(달걀, 토르티야 랩, 썰어둔 양파 제외)를 넣고 매뉴얼/ 스튜로 설정한 후 40분 동안 조리한다. 압력솥을 압력추가 저절로 내려가도록 둔다(Natural Pressure Release/NPR로 설정). 뚜껑을 열고 압력솥을 소테Sauté로 설정한 후 혼합물이 적당히 걸쭉해질 때까지 조리한다.

오븐을 섭씨 200도(팬 섭씨 180도/ 가스마크 6)로 예열한다.

그릇에 달걀을 넣어 풀어준다. 그리고 토르티야 랩 절반의 한쪽에 고기를 몇 숟가락 떠 올린다. 이때 패스티를 너무 많이 채우지 않도록 주의하자. 너무 많이 채울 경우 조리 중에 패스티가 잘 안 붙거나 터질 수도 있다. 고기 위에 얇게 썰어둔 양파를 얹자.

풀어놓은 달걀로 랩의 가장자리를 따라 붓질해주고 랩을 접는다. 랩의 가장자리를 포크로 단단히 눌러준 후 풀어놓은 달걀로 끝부분에도 붓질해주자. 남은 세 개의 랩에 대해서도 이 과정을 반복해준다.

패스티를 베이킹 트레이에 넣고 노릇노릇해질 때까지 15~20분 동안 굽는다. 취향에 따라 곁들일 것과 함께 내놓자.

전기 찜솥 사용법

🍲 6시간 30분~7시간

고기에 소금을 듬뿍 뿌려 밑간을 한다.

모든 재료(달걀, 토르티야 랩, 얇게 썰어둔 양파 제외)를 전기 찜솥에 넣자. 뚜껑을 덮고 5시간 동안 조리한다.

조리 후반 마지막 1시간 동안 뚜껑을 열어두어 습기가 빠져나가고 소스가 걸쭉해지게 한 후 식히자.

오븐을 섭씨 200도(팬 섭씨 180도/ 가스 마크 6)로 예열한다.

그릇에 달걀을 넣어 풀어준다. 그리고 토르티야 랩 절반의 한쪽에 고기를 몇 숟가락 떠 올린다. 이때 패스티를 너무 많이 채우지 않도록 주의하자. 너무 많이 채울 경우 조리 중에 패스티가 잘 안 붙거나 터질 수도 있다. 고기 위에 얇게 썰어둔 양파를 얹자.

풀어놓은 달걀로 랩의 가장자리를 따라 붓질해주고 랩을 접는다. 랩의 가장자리를 포크로 단단히 눌러준 후 풀어놓은 달걀로 끝부분에도 붓질해주자. 남은 세 개의 랩에 대해서도 이 과정을 반복해준다.

패스티를 베이킹 트레이에 넣고 노릇노릇해질 때까지 15~20분 동안 굽는다. 취향에 따라 곁들일 것과 함께 내놓자.

간장과 생강으로 맛을 낸 연어 어묵

SOY AND GINGER SALMON FISHCAKES

🕐 **30분** | 🍲 **20분** | 🔥 **164칼로리** 1회 제공량

이 어묵들은 정말 고칼로리 비건강식 요리 같지만 가장 건강하고 신선한 재료를 쓴다. 톡 쏘는 맛의 라임과 입 안 얼얼한 생강이 조합된 연어의 근사하고 섬세한 맛은 짭조름한 간장과 완벽한 궁합을 이룬다. 이 요리를 한번 맛보면 이미 만들어져 있는 어묵 따위는 절대 사 먹지 않을 것이다.

─────────────── 매일매일 가볍게 ───────────────

글루텐없는 간장사용

4인분

- 저칼로리 쿠킹 스프레이
- 중간 크기 감자 150g(껍질을 벗겨 듬성듬성 깍둑썰기해둔 것)
- 파 4쪽(손질해서 잘게 다져둔 것)
- 찧어둔 생강 뿌리 2티스푼
- 미리 익혀둔 중간 크기 연어 살코기 4도막(약 500g, 껍질을 벗겨 큼직한 살코기로 부스러뜨려둔 것)
- 라임 1개(껍질을 찧어둔 것)
- 진간장 2티스푼

내놓기용

- 채소 샐러드
- 스위트 칠리소스(취향에 따라)

오븐을 섭씨 200도(팬 섭씨 180도/ 가스 마크 6)까지 예열한다. 기름이 배지 않는 종이로 베이킹 트레이의 안을 죽 두른 후 저칼로리 쿠킹 스프레이를 뿌린다.

끓는 소금물에 감자를 넣고 유연해질 때까지 15~20분 동안 조리한 후 물기를 빼고 부드러워질 때까지 으깨준다. 이때 소형 매셔나 포테이토 라이서(감자 으깨기)를 써도 된다.

작은 프라이팬에 저칼로리 쿠킹 스프레이를 뿌린 후 중불에 올려놓는다. 파와 빻아둔 생강을 넣고 파가 연해질 때까지 3~4분간 타지 않도록 주의하며 볶아준다.

익힌 파와 생강, 도막 내둔 연어, 찧어둔 라임 껍질과 간장을 으깨놓은 감자에 넣고 잘 섞어준다. 혼합물을 같은 크기의 12개 공처럼 빚어내어 어묵 모양으로 만든 후 베이킹 트레이에 넣고 저칼로리 쿠킹 스프레이를 뿌린다.

오븐에 넣어 10분 동안 조리한 후 조심스럽게 뒤집고 다시 10분간 더 조리하거나 양면이 다 노릇노릇해질 때까지 조리한다.

오븐에서 꺼내 취향에 따라 샐러드와 스위트 칠리소스와 함께 내놓자.

원팟 지중해식 치킨 오르조

ONE-POT MEDITERRANEAN CHICKEN ORZO

🕐 **10분** | 🍲 **1시간 10분** | 🔥 **437칼로리** 1회 제공량

오르조*는 나온 지 오래된 요리지만 최근에야 영국에서 각광을 받았다. 비록 쌀처럼 보여도 실은 파스타인 오르조는 강력한 포만감을 주면서도 칼로리 낮은 근사한 요리를 완성해준다. 올스파이스를 그 다양한 향과 이름의 유래 때문에 혼합 향신료와 혼동하지 말자. 지금까지와는 전혀 다른 색다른 맛을 경험하게 해줄 것이다!

주 간 식 도 락

4인분

- 훈제 스위트 파프리카 가루
  1과 1/2티스푼
- 빻아둔 올스파이스 1과 1/2티스푼
- 빻아둔 강황 1/2티스푼
- 천일염 1티스푼
- 닭고기 넓적다리살 6쪽(껍질과 눈에 띄는
  지방은 제거해둔 것)
- 저칼로리 쿠킹 스프레이
- 양파 1개(깍둑썰기해둔 것)
- 중간 크기 당근 1개(깍둑썰기해둔 것)
- 셀러리 줄기 1대(깍둑썰기해둔 것)
- 마늘 6쪽(껍질을 벗겨 통째로 둔 것)
- 버섯 4개(두껍게 뭉텅뭉텅 썰어둔 것)
- 방울토마토 한 줌
- 레몬 1개(즙 내둔 것)
- 닭고기 육수 500ml(닭고기 육수 큐브 1개를
  500ml 물에 넣고 끓여둔 것)
- 오르조 250g
- 신선한 파슬리 한 줌(듬성듬성 썰어둔 것,
  추가로 고명용 여분으로 조금 더 준비해둘 것)

닭고기 넓적다리살에 파프리카, 빻아둔 올스파이스, 강황, 소금을 섞은 혼합 향신료를 바른 후 10분 동안 한쪽에 놓아둔다.

오븐을 섭씨 200도(팬 섭씨 180도/ 가스 마크 6)로 예열한다.

큰 오븐용 프라이팬이나 캐서롤 냄비에 저칼로리 쿠킹 스프레이를 뿌리고 중불에 올려놓는다. 닭고기 넓적다리살을 넣고 노릇노릇해질 때까지 몇 분 동안 빠르게 익힌 후 뒤집어서 다른 쪽도 노릇노릇해질 때까지 익힌다. 프라이팬에서 꺼내 한쪽에 놓아두자.

프라이팬에 저칼로리 쿠킹 스프레이를 더 뿌린 후 양파, 당근, 셀러리, 마늘, 버섯을 넣고 양파가 부드러워질 때까지 5분간 볶아준다.

토마토, 레몬즙, 100ml의 닭고기 육수를 넣고, 닭고기를 다시 오븐용 프라이팬에 넣는다. 프라이팬의 뚜껑(또는 호일)을 덮고 오븐에 넣어 30분간 조리한다.

오븐에서 조심스럽게 프라이팬을 꺼내 오르조, 파슬리, 남은 육수를 넣고 저어주다가 뚜껑을 덮고 다시 오븐에 넣어 20분간 더 조리한 후 여분의 파슬리를 얹어 내놓자.

* 길이 8mm 정도의 쌀알 모양의 수프용 파스타

194

시금치와 리코타 카넬로니

SPINACH AND RICOTTA CANNELLONI

🕐 **15분** | 🍲 **35분** | 🔥 **460칼로리** 1회 제공량

보통 기름지고 지방 가득한 치즈 소스 카넬로니* 요리를 보면 건강에 해로울 거라는 선입견이 든다. 하지만 이 조리법에 따라 만들어 먹어보면, 토마토소스로 풍미를 더했을 뿐만 아니라 입에서 살살 녹을 것 같은 파르메산 치즈와 체더치즈를 쓴 덕분에 원래 요리와의 차이는커녕 본래 카넬로니처럼 풍성한 맛이 느껴질 것이다.

주 간 식 도 락

4인분

파스타용
- 저칼로리 쿠킹 스프레이
- 시금치 300g
- 천일염과 갓 빻아둔 후추
- 리코타 치즈 180g
- 파르메산 치즈(또는 베지테리언 하드 치즈) 15g
- 카넬로니 튜브 8개

소스용
- 파스타 소스 500g짜리 1통
- 마늘 과립 1/2티스푼
- 말린 이탈리아 허브 1/2티스푼

치즈 고명용
- 저지방 모차렐라 치즈 70g
- 저지방 체더치즈 20g(곱게 갈아둔 것)
- 훈제 스위트 파프리카 조금

오븐을 섭씨 200도(팬 섭씨 180도/ 가스 마크 6)로 예열한다.

프라이팬에 저칼로리 쿠킹 스프레이를 뿌린 후 중불에 올려놓는다. 시금치를 넣고 소금과 후추를 듬뿍 넣어 간한 후 뚜껑을 덮자. 시금치의 풀이 죽을 때까지 1~2분간 조리한 후 물기를 잘 빼고 식히기 위해 한쪽에 놓아둔다.

볼에 리코타, 파르메산 치즈, 익혀서 물기 빼둔 시금치를 넣은 후 섞어준다. 소금과 후추로 간하여 한쪽에 놓아두자.

볼에 마늘 과립 및 허브와 함께 파스타를 넣어 섞어준 후 소금과 후추로 간하자. 파스타의 반을 중간 크기 오븐용 접시에 담는다.

리코타 치즈와 시금치 혼합물로 짤주머니를 채우자. 이때 짤주머니의 모양 깍지는 필요 없다. 그냥 끝부분을 적당한 크기로 잘라 구멍을 내자. 아니면 짤주머니 대신 끝을 자른 단단한 비닐봉지를 써도 된다. 혼합물로 각각의 카넬로니 튜브를 채운다. 이때 혼합물이 넘치지 않게 너무 많이 채우지 않도록 주의하자(너무 많이 채우면 혼합물이 모자랄 수 있기 때문에). 오븐용 접시에 담아둔 소스 위로 속을 채운 카넬로니 튜브들을 얹은 후 남은 소스를 그 위에 부어준다.

모차렐라 치즈를 잘게 찢어 카넬로니 튜브 위에 뿌리고 곱게 갈아둔 체더치즈도 마저 뿌린 후 파프리카 가루를 조금 뿌려준다(파프리카 색이 살짝 입혀질 정도로만).

카넬로니 튜브가 연해지고 치즈가 녹아 노릇노릇해질 때까지 30~35분간 조리한 후 따뜻한 채로 내놓자.

* 고기나 치즈로 속을 채운 원통형 파스타

CHAPTER 6

간식 그리고 사이드 메뉴

새콤달콤하고 바삭바삭한 방울양배추

SWEET AND SOUR CRISPY ASIAN SPROUTS

🕐 **30분** | 🗑 **20분** | 🔥 **193칼로리** 1회 제공량

브뤼셀 스프라우트*는 안타깝게도 크리스마스 때나 주요리에 곁들여 먹는, 푹 삶아 퍼진 음식이라는 오명으로 과소평가된 채소 중 하나다. 우리는 이 작고 알찬 녀석에 관한 편견을 씻어내는 요리를 만들어내고 싶었다. 오븐에 굽고 풍미 있는 양념을 더해 이 녀석을 다시 보게 만드는 것이 우리의 바람이다!

주간 식도락

글루텐없는 간장사용

4인분

- 방울양배추 1kg(줄기를 제거하고 세로로 4등분해둔 것)
- 저칼로리 쿠킹 스프레이
- 살구 잼 4티스푼
- 발사믹 식초 50ml
- 진간장 20ml
- 마늘 과립 1티스푼
- 채소 육수 큐브 반 개
- 중국5향신료 1/2티스푼
- 찧어둔 생강 1/2티스푼
- 순한 칠리 파우더 1티스푼
- 레몬즙 30ml

오븐을 섭씨 240도(팬 섭씨 220도/ 가스 마크 9)로 예열한다.

방울양배추에 저칼로리 쿠킹 스프레이가 잘 묻어나도록 뿌린 후 큰 베이킹 트레이에 펼쳐놓자. 오븐의 중간 선반에 올려놓고 20분간 이따금 뒤집어가며 조리한다.

양배추가 익는 동안 살구잼, 발사믹 식초, 간장, 마늘 과립, 반 개의 채소 육수 큐브, 중국5향신료, 생강, 칠리 파우더를 냄비에 넣고 센 불에 올려놓는다. 재료가 섞이고 육수 큐브가 녹을 때까지 저어준 후 내용물이 반으로 줄어 시럽처럼 걸쭉해질 때까지 조리한다. 불에서 내려 레몬즙을 넣어주자.

양배추가 익으면 오븐에서 꺼낸 후 위에 드레싱을 부어준다. 드레싱이 골고루 잘 입혀지도록 잘 버무린 후 내놓자.

Tip

드레싱은 자체로 맛이 매우 강하지만 이건 지극히 정상이다. 방울양배추와 같이 섞이면 완벽한 맛을 낼 것이기 때문이다!

* 방울양배추라고도 하며 영국에서는 크리스마스에 만찬과 곁들여 먹는 아주 흔한 대표적인 겨울 채소

소금과 후추 감자튀김

SALT AND PEPPER CHIPS

🕐 **10분** | 🗑 **20분** | 🔥 **311칼로리** 1회 제공량

영국 북부에서 특히 인기 있는 중국의 테이크아웃 요리인 이 매콤한 소금과 후추 감자튀김은 핀치 오브 넘의 정통 요리다. 이 감자튀김은 칼로리는 뺐는데도 정말 정통 테이크아웃 전문 레스토랑 요리의 맛을 낸다. 심지어 갑자기 야식이 필요할 때를 대비해 냉장고에 반숙 상태로 양념해둔 감자칩을 보관해둘 수도 있다.

매일매일 가볍게

2인분

- 큰 감자 3개(껍질을 벗기고 뭉텅뭉텅 썰어둔 것)
- 저칼로리 쿠킹 스프레이
- 파 1~2쪽(손질한 후 잘게 썰어둔 것)
- 고추 1~2개(씨를 발라 얇게 썰어둔 것, 매운 것을 좋아하는 정도에 따라 적절한 양을 준비해둘 것)
- 초록 피망 반 개(씨를 발라 잘게 다져둔 것)
- 빨간 피망 반 개(씨를 발라 잘게 다져둔 것)
- 칩 숍 커리 소스 Chip Shop Curry Sauce (208면 참조, 취향에 따른 내놓기용)

혼합 향신료용
- 천일염 알갱이 1테이블스푼
- 굵은 입자의 감미료 1테이블스푼
- 중국5향신료 1/2테이블스푼
- 마른 칠리 플레이크 넉넉히 한 줌 (매운 것을 좋아하는 정도에 따라 적절한 양을 준비해둘 것)
- 빻아둔 백후추 1티스푼

우선 혼합 향신료를 섞은 후 오일을 두르지 않은 뜨거운 프라이팬에서 소금 알갱이가 노릇노릇해질 때까지 구워준다. 이 과정은 진정한 소금과 후추의 맛을 내는 데 매우 중요하다. 구운 소금과 모든 혼합 향신료 재료를 볼에 넣어 섞은 후 한쪽에 놓아두자.

오븐을 섭씨 220도(팬 섭씨 200도/ 가스 마크 7)로 예열한다.

냄비에 담긴 소금물을 펄펄 끓인 후 썰어둔 감자를 넣고 감자가 부드러워지면서도 단단함을 유지할 정도로 10분간 뭉근히 끓이자. (필요할 경우 이 반숙한 감자를 식히고 혼합 향신료로 간한 후 냉동해둘 수도 있다. 나중에 해동한 후 바로 조리해 먹을 수 있다.)

베이킹 트레이에 저칼로리 쿠킹 스프레이를 뿌리고 감자를 트레이에 펼쳐놓은 다음 저칼로리 쿠킹 스프레이를 좀 더 뿌린다. 감자에 약간의 혼합 향신료를 부은 후 오븐에 넣고 감자가 부드러워지고 노릇노릇해지기 시작할 때까지 15~20분간 조리하자.

프라이팬에 저칼로리 조리용 스프레이를 넉넉히 뿌린 뒤 파, 고추, 피망을 넣고 부드러워지기 시작할 때까지 몇 분간 조리한다. 프라이팬에 감자를 넣고 2티스푼의(또는 원하는 만큼) 혼합 향신료를 뿌린다. 재료가 타지 않도록 계속 저어주고 버무려주자. 이때 프라이팬에 저칼로리 쿠킹 스프레이를 좀 더 뿌려야 할 수도 있다. 감자가 노릇노릇해질 때까지 계속 조리한 후 내놓자.

양파 바지
ONION BHAJIS

🕐 5분 | 🗑 20~30분 | 🔥 59칼로리 1회 제공량

인도의 정통 테이크아웃 전문 레스토랑 야식 요리인 양파 바지는 많은 사람에게서 요청이 쇄도했던 요리다. (열량 덩어리 재료를 피하면서도) 전통 향신료를 쓰는 데다 친숙한 모양으로 굽는다는 똑똑한 수단을 쓴 이 레시피는 갈수록 인기를 얻었고, 치킨 볼티 Chicken Balti(50면 참조) 같은 우리의 '페이크어웨이' 카레와 진정한 콤비를 이룬다.

───────── 매일매일 가볍게 ─────────

12개분

- 저칼로리 쿠킹 스프레이
- 붉은 양파 3개(반으로 갈라 반달 모양이 되도록 얇게 썰어둔 것. 만돌린 같은 채칼을 써도 무방)
- 고구마 1개(껍질을 벗겨 뭉텅뭉텅 썬 후 채칼이나 치즈 강판으로 곱게 갈아둔 것)
- 중간 크기 달걀 2개(풀어 저어둔 것)
- 빻아둔 커민 1티스푼
- 찧어둔 고수 1티스푼
- 빻아둔 가람 마살라 1티스푼
- 천일염과 갓 빻아둔 후추

오븐을 섭씨 200도(팬 섭씨 180도/ 가스 마크 6)로 예열한 후 12구용 머핀 틀에 적당량의 저칼로리 쿠킹 스프레이를 뿌리자. (또는 각기 자유로운 모양의 바지Bhajis를 만들고 싶다면, 기름이 배지 않는 종이로 베이킹 트레이 안을 죽 두른 후 저칼로리 쿠킹 스프레이를 뿌린다.)

큰 볼에 양파와 고구마를 넣은 후 저어둔 달걀, 향신료, 소금, 후추를 넣고 모든 내용물이 완전히 섞이도록 잘 저어준다.

머핀 틀을 쓸 경우 쿠킹 스프레이로 잘 기름칠 된 12개의 틀에 골고루 혼합물을 나누어 넣고 단단히 누른 다음 윗부분에 저칼로리 쿠킹 스프레이를 뿌린다.

각기 자유로운 모양의 바지를 만들려면 직접 혼합물을 굴려 손으로 대충 12개의 공 모양을 만들자. 죽 나열된 베이킹 트레이에 바지가 서로 닿지 않도록 띄엄띄엄 놓은 후 다시 저칼로리 쿠킹 스프레이를 뿌린다.

바지를 크기에 따라 20~30분 정도 오븐에서 굽는다.

총 조리 시간의 중간 시점에 스패츌러를 써서 뒤집고 다시 저칼로리 쿠킹 스프레이를 뿌린다. 이때 바지를 바삭바삭하게 하고 싶다면, 바지가 다 조리된 후 몇 분간 더 구워서 내놓자.

Tip
채칼을 쓸 경우 부상을 피하기 위해 제품 안전 안내를 주의 깊게 따르도록 하자.

발사믹과 붉은 양파 그레이비

BALSAMIC AND RED ONION GRAVY

🕐 5분 | 🗑 25분 | 🔥 88칼로리 1회 제공량

그레이비 소스는 쓰임새가 정말 다양하다. 이 소스를 정통 구이 요리 또는 가족 인기 메뉴인 소시지나 으깬 감자와 함께 내보자. 발사믹 식초를 더하면 맛의 진정한 깊이가 우러나 바로 엄청난 호응을 얻을 것이다.

――――――― 매일매일 가볍게 ―――――――

글루텐없는 육수 큐브사용

4인분

- 중간 크기 당근 1개(듬성듬성 썰어둔 것)
- 양파 반 개(깍둑썰기해둔 것)
- 중간 크기 감자 1개(껍질을 벗겨 듬성듬성 썰어둔 것)
- 물 600ml
- 저칼로리 쿠킹 스프레이
- 붉은 양파 2개 반 (얇게 썰어둔 것)
- 발사믹 식초 3테이블스푼
- 소고기 스톡팟 2개
- 그레이비 브라우닝* 4방울

냄비에 당근, 깍둑썰기해둔 양파, 감자를 넣고 물을 부어 뚜껑을 덮지 않은 채로 센 불에서 끓인다. 물이 펄펄 끓기 시작하면 약한 불에 25분 또는 채소가 익을 때까지 끓여주자. 이때 물의 양이 상당히 줄어야 한다.

그러는 동안 프라이팬에 약간의 저칼로리 쿠킹 스프레이를 뿌리고 중불에 올려놓는다. 얇게 썰어둔 붉은 양파를 넣고 부드러워질 때까지 4~5분간 조리한다. 발사믹 식초의 반을 넣고 몇 분 동안 조리한 후 불에서 내려 한쪽에 놓아두자.

소스팬에 채소와 함께 스톡팟과 그레이비 브라우닝을 넣는다. 스톡팟이 녹도록 둔 후 스틱 믹서기로 내용물이 부드러워지고 덩어리 없이 고루 섞일 때까지 갈아준다. 남은 발사믹 식초와 얇게 썰어 조리해둔 양파를 넣은 후 내놓자.

Tip

스틱 믹서기로 간 후에도 그레이비가 약간 걸쭉하다면 원하는 농도가 될 때까지 끓는 물을 조금 더 넣어준다.

* 브라우닝 시즈닝 소스로, 그레이비에 먹음직스러운 갈색을 입히기 위해 쓰이는 소스

칩 숍 커리 소스

CHIP SHOP CURRY SAUCE

🕐 10분 | 🗑 25분 | 🔥 96칼로리 1회 제공량

때때로 근사한 커리 소스보다 더 훌륭한 요리는 없다. 이 커리 소스는 앞에서 소개한 소금과 후추 감자튀김Salt and Pepper Chips(202면 참조) 같은 칩 요리와 곁들일 때 완벽한 궁합을 이룬다. 참고로 이 조리법에선 호로파*를 쓰는데 이 재료는 필수는 아니어도 정통 칩 숍 커리 맛을 재현하는 데 도움을 준다. (앞면의 발사믹과 붉은 양파 그레이비 Balsamic and Red Onion Gravy와 함께 찍은 사진 참조)

매일매일 가볍게

글루텐없는 육수 큐브사용

4인분

- 당근 1개(잘게 썰어둔 것)
- 양파 반 개(깍둑썰기해둔 것)
- 중간 크기 감자 2개(껍질을 벗겨 깍둑썰기해둔 것)
- 닭고기 육수 큐브 2개
- 물 600ml
- 소고기 스톡팟 1개
- 카레 가루 1과 1/2테이블스푼(순한 맛, 중간 맛 또는 매운맛)
- 찧어둔 호로파 한 줌(취향에 따라)

냄비에 당근, 양파, 감자, 육수 큐브를 넣고 물을 붓는다. 물이 펄펄 끓기 시작하면 약 25분간 또는 채소가 익을 때까지 뭉근히 끓여주자.

스톡팟, 카레 가루, 호로파(사용하는 경우)를 소스팬에 넣자. 스톡팟이 녹도록 둔 후 스틱 믹서기나 푸드 프로세서로 내용물이 덩어리 없이 고루 섞일 때까지 갈아준다.

* 황갈색 씨앗을 양념으로 쓰는 식물

병아리콩을 넣은 간편 필래프 라이스

EASY PILAF RICE WITH CHICKPEAS

🕐 **15분** | 🗑 **30분** | 🔥 **275칼로리** 1회 제공량

빠르고 쉬운 이 레시피는 포만감을 더해주는 훌륭한 방법을 선사한다. 단백질과 섬유질의 훌륭한 공급원인 병아리콩은 그야말로 우리 몸을 지탱해주는 영양분이 될 뿐 아니라 양파, 육수, 파슬리의 풍미 덕분에 다음 날 식은 후에도 주요리에 곁들여 먹을 수 있는 맛있는 요리가 되어줄 것이다. (155면의 양고기 귀베치 Lamb Guvech와 함께 찍은 사진 참조)

매일매일 가볍게

글루텐없는 육수 큐브사용

4인분

- 저칼로리 쿠킹 스프레이
- 양파 반 개(잘게 깍둑썰기해둔 것)
- 바스마티 라이스(인도식 쌀밥)
  200g(헹궈서 물기를 빼둔 것)
- 닭고기 육수 500ml(닭고기 육수 큐브 1개를
  500ml 물에 넣고 끓여둔 것)
- 병아리콩 통조림 400g짜리 1개
  (물기를 빼서 헹궈둔 것)
- 신선한 파슬리 한 줌(잘게 썰어둔 것)

냄비에 저칼로리 쿠킹 스프레이를 뿌리고 중불에 올려놓는다. 양파를 넣고 부드러워지기 시작할 때까지 4~5분간 조리하다가 쌀을 넣는다. 쌀알갱이에 기름이 골고루 입혀지고 양파와 잘 섞이도록 저어준 다음 닭고기 육수를 붓고 병아리콩을 넣는다. 육수를 펄펄 끓이다가 약불로 줄인 후 뚜껑을 덮고 15~20분 또는 모든 액체가 흡수되어 쌀이 부드러워질 때까지 조리한다.

소스팬을 불에서 내리고 잘게 다져둔 파슬리를 넣어 저어준 후 뚜껑을 덮은 채로 5분간 두었다가 내놓자.

치즈 브로콜리

KICKIN' CHEESY BROCCOLI

🕐 **5분** | 🗑 **10분** | 🔥 **110칼로리** 1회 제공량

이 레시피는 간식이나 곁들임 요리에 풍미를 더할 수 있는 아주 빠르고 간단한 방법이다(106면의 샥슈카Shakshuka 와 함께 찍은 사진 참조). 약간의 파르메산 치즈를 넣고 재빨리 볶아낸 이 요리는 씹을 때마다 바삭바삭한 식감이 느껴져 간식으로도 손색이 없다. 이 요리를 통해 아이들과 어른들 모두 브로콜리가 정말로 감칠맛 나는 간식이 될 수 있다는 사실에 깜짝 놀랄 것이다.

| 주 간 식 도 락 |

2인분

- 저칼로리 쿠킹 스프레이
- 큰 브로콜리 한 송이(꽃 부분을 한입 크기로 잘라둔 것)
- 마늘 과립 1티스푼
- 말린 칠리 플레이크 1/2티스푼
- 천일염과 갓 빻아둔 후추
- 레몬 반 개(즙 내둔 것)
- 파르메산 치즈(또는 베지테리언 하드 치즈) 30g(갈아둔 것)

큰 프라이팬이나 (뚜껑이 달린) 웍에 저칼로리 쿠킹 스프레이를 조금 뿌린 후 중불에 올려놓는다. 브로콜리의 꽃 부분을 넣고 마늘 과립과 칠리 플레이크를 뿌린 후 소금과 후추로 간하자. 여기에 레몬즙을 넣고 잘 저어준다.

불을 중불로 줄인 후 뚜껑을 덮고 10분 정도 계속 조리한다. 브로콜리를 확인해가면서 중간중간 프라이팬을 흔들어 브로콜리가 타지 않도록 하자. 원하는 만큼 익었을 때 갈아둔 파르메산 치즈의 3/4을 넣고 섞어준다. 브로콜리를 접시에 담고 그 위에 남은 파르메산 치즈를 뿌린 후 내놓자.

굵게 으깬 감자

LAZY MASH

🕐 5분 | 🍲 25분 | 🔥 130칼로리 1회 제공량

엄청난 양의 버터를 넣지 않고도 훌륭하게 으깬 감자 맛을 낼 수 있는 간단한 기술은 바로 감자를 으깰 때 달걀 노른자를 넣는 것이다. 달걀노른자가 감자의 열로 골고루 익으면서 우리가 익히 알고 좋아하는 풍부하고 크리미한 맛을 만들어낸다. 이 '레이지(게으른)' 매쉬 요리는 감자를 껍질째 그대로 듬성듬성 바스러뜨리기만 하면 되기 때문에 그야말로 식은 죽 먹기로 쉽게 만들 수 있다. 이렇게 탄생한 맛있는 감자 요리는 천천히 익힌 스튜와 곁들여서 원팟 요리*로 내기에 제격이다.

주 간 식 도 락

4인분

- 중간 크기 감자 500g(매리스 파이퍼와 같은 품종의 전분이 많은 감자, 껍질을 벗기지 않은 채 뭉텅뭉텅 썰어둔 것)
- 저지방 스프레드 1테이블스푼
- 중간 크기 달걀노른자 1개
- 천일염과 갓 빻아둔 후추

냄비에 뭉텅뭉텅 썰어둔 감자를 넣고 감자가 몇 센티미터가량 잠기도록 물을 충분히 부어준다. 굵은 소금 알갱이를 넣고 펄펄 끓이다가 감자 덩이가 부드러워질 때까지 20~25분간 조리한다(매우 부드럽게 조리하고 싶을 경우 나이프가 감자를 쉽게 통과할 수 있을 만큼 끓이자).

채로 감자의 물기를 뺀 후 감자를 다시 따뜻한 소스팬에 넣고 여기에 저지방 스프레드와 달걀노른자를 첨가한다.

나이프로 감자를 계속 으깨주면서 달걀노른자와 저지방 스프레드를 섞어준다. 뭉텅뭉텅 덩어리진 식감을 원한다면 보통의 으깬 감자를 만들 때처럼 너무 많이 으깨지 말자.

맛을 내기 위해 소금과 후추로 간하자.

* 요리의 모든 필수 재료를 한 냄비에 담은 요리

뱅뱅 콜리플라워

BANG BANG CAULI

🕐 **10분** | 🍲 **20분** | 🔥 **70칼로리** 1회 제공량

핀치 오브 넘의 한 팬이 이렇게 말한 적이 있다. "다른 군것질을 안 하도록 채소가 간식으로 먹을 수 있을 만큼 맛있었으면 좋겠어요." 그때부터 맛있으면서 과자 같은 채소를 만드는 일은 우리의 사명이 되었고, 이것이 바로 콜리플라워 요리가 탄생하게 된 배경이다. 이 요리의 매콤한 혼합 향신료는 콜리플라워의 훌륭한 맛과 환상의 콤비를 이룬다. 얼얼하고 강한 맛의 디핑 소스와 곁들여 낸 이 요리로 우리는 이 맛있는 채소 레시피 도전에 보기 좋게 성공했다!

매일매일 가볍게

4인분

- 콜리플라워 한 송이(꽃 부분을 한입 크기로 썰어둔 것)
- 저칼로리 쿠킹 스프레이
- 훈제 스위트 파프리카 1티스푼
- 마늘 과립 1티스푼
- 양파 과립 1티스푼
- 천일염과 갓 빻아둔 후추
- 파 2쪽(손질해서 얇게 썰어둔 것)
- 잘게 썰어둔 신선한 고수 조금

뱅뱅 소스용
- 홍고추 1개(씨를 발라 잘게 다져둔 것)
- 마늘 2쪽(잘게 찧어둔 것)
- 토마토 퓌레 1티스푼
- 백미 식초 3테이블스푼
- 라임 반 개(즙 내둔 것)
- 굵은 입자의 감미료 1티스푼
- 무지방 그릭 요거트 4테이블스푼
- 스리라차 몇 방울

오븐을 섭씨 200도(팬 섭씨 180도/ 가스 마크 6)로 예열하고 베이킹 양피지 또는 기름이 배지 않는 종이로 베이킹 트레이의 안을 죽 두른 후 저칼로리 쿠킹 스프레이를 뿌린다.

손질한 콜리플라워의 꽃 부분을 큰 볼에 담고 넉넉한 양의 저칼로리 쿠킹 스프레이를 뿌린다.

파프리카, 마늘 과립, 양파 과립을 섞어준 후 콜리플라워에 뿌리자. 양념이 골고루 묻도록 잘 저어준 후 혼합물을 베이킹 양피지 또는 기름이 배지 않는 종이로 안을 두른 베이킹 트레이에 죽 펼쳐놓는다. 소금과 후추를 넣고 오븐에서 15~20분간 조리한다(콜리플라워는 여전히 약간 아삭아삭 씹히는 맛이 있어야 한다).

콜리플라워가 조리되는 동안 디핑 소스를 만들자.

작은 프라이팬에 저칼로리 쿠킹 스프레이를 뿌리고 중불에 올려놓는다.

고추와 마늘을 넣고 부드러워질 때까지 2~3분간 볶아준 후 토마토 퓌레를 넣고 1분간 조리한다. 약불로 줄이고 식초, 라임즙, 감미료를 넣어 2분간 조리하자. 불에서 내려놓고 식힌 후 믹서기에 넣어 요거트와 함께 갈아준 다음 맛을 내기 위해 스리라차를 몇 방울 떨어뜨린다.

구운 콜리플라워에 얇게 썰어둔 파와 고수를 뿌린 후 디핑 소스와 함께 내놓자.

쿠스쿠스와 스위트콘
COUSCOUS AND SWEETCORN DIPPERS

🕐 **10분** | 🗑 **20분** | 🔥 **158칼로리** 1회 제공량

맛있고 건강에도 좋으면서 포만감까지 더해주는 음식을 활용해보자. 올바른 재료로 간식을 만들면 먹고 싶은 욕구를 간단히 잠재울 수 있다. 이 쿠스쿠스와 스위트콘 요리는 포만감을 더해주는 완벽한 저칼로리 간식으로서 오랫동안 만족감을 유지해준다. (뒷면의 할루미 치즈 튀김 Halloumi Fries과 함께 찍은 사진 참조)

───────────── 매일매일 가볍게 ─────────────

20개분

- 물 75ml
- 쿠스쿠스(물에 행군) 50g
- 저칼로리 쿠킹 스프레이
- 파 4쪽(손질해서 잘게 다져둔 것)
- 스위트콘 커널* 200g(통조림에 든 스위트콘의 물기를 빼둔 것 또는 냉동해둔 것)
- 큰 달걀 2개
- 천일염과 갓 빻아둔 후추

찍어 먹는 소스용

- 저칼로리 쿠킹 스프레이
- 양파 반 개(깍둑썰기해둔 것)
- 말린 칠리 플레이크 1/2티스푼
- 마늘 과립 1/4티스푼
- 잘게 다진 토마토 400g짜리 1개
- 발사믹 식초 2테이블스푼
- 굵은 입자의 감미료 1/2티스푼

우선 찍어 먹는 소스를 만들어보자. 작은 냄비에 저칼로리 쿠킹 스프레이를 뿌린 후 중불에 올려놓는다. 양파와 칠리 플레이크를 넣고 양파가 연해질 때까지 부드럽게 익힌 후 마늘 과립, 토마토, 발사믹 식초를 넣어준다. 혼합물을 펄펄 끓인 후 약불에 20분 동안 뭉근히 끓이자. 취향에 따라 원하는 만큼 감미료를 넣고 스틱 믹서기나 푸드 프로세서에 넣어 부드러워질 때까지 갈아준다.

소스가 조리되는 동안 주요리를 만들기 위해 별도의 소스팬에 물을 넣고 펄펄 끓인다. 소스팬에 쿠스쿠스를 넣고 저어주다가 뚜껑을 덮고 불을 끈다. 쿠스쿠스에 물이 전부 흡수될 때까지 10분 동안 그대로 두자.

그러는 동안 프라이팬에 저칼로리 쿠킹 스프레이를 뿌리고 약불에 올려놓는다. 파를 넣고 파가 부드럽지만 노릇노릇해지진 않도록 2~3분 정도만 살짝 익힌 후 불에서 내려 식도록 한쪽에 놓아두자.

볼에 스위트콘 알갱이를 넣는다. 스위트콘에 달걀과 함께 파와 쿠스쿠스를 넣고 소금과 후추로 간한 후 잘 저어주자. 이때 혼합물의 질감은 반죽 같아야 한다.

테플론 가공 프라이팬에 저칼로리 쿠킹 스프레이를 뿌리고 중불에 올려놓는다. 뜨거워진 팬에 몇 테이블스푼의 스위트콘 혼합물을 서로 엉겨 붙지 않도록 한 번에 한 테이블스푼씩 놓자(혼합물을 여러 번에 걸쳐 조리해야 할 수도 있다). 4~5분 동안 조리한 후 뒤집어주고 노릇노릇해질 때까지 3~4분 더 조리한다. 주요리의 조리가 끝나면 찍어 먹을 따뜻한 토마토 소스와 함께 즉시 내놓자.

* 단맛 나는 옥수수 알갱이

할루미 치즈 튀김

HALLOUMI FRIES

🕐 **5분** | 🍲 **15분** | 🔥 **132칼로리** 1회 제공량

때때로 영화를 보거나 늦은 밤 출출할 때 필요한 건 단지 몇 분 만에 뚝딱 해먹을 수 있는 빠르고 간단한 요리다. 이처럼 이따금 즐기는 훌륭한 특별 한 끼인 할루미는 녹은 치즈로 난장판을 만들어놓을 일 없이 굽기에도 제격인 요리다. 건강하고 낮은 칼로리를 위해 쿠스쿠스와 스위트콘 Couscous and Sweetcorn Dippers 처럼 채소가 많이 든 간식과 함께 적당량만 먹도록 하자! (뒷면의 쿠스쿠스와 스위트콘을 곁들여 찍은 사진 참조)

주 간 식 도 락

글루텐없노페리페리 소스사용 ↗

4인분

- 저지방 할루미 치즈[1] 180g
- 옥수수 분말 2테이블스푼
- 페리페리 소스[2] 1티스푼
- 저칼로리 쿠킹 스프레이
- 파 1쪽(손질해서 얇게 잘라둔 것, 내놓기용)

할루미 치즈를 폭 1cm씩 4개 조각으로 자른 후 다시 각 조각의 측면을 1cm 간격으로 3등분한다. 이렇게 하면 대략 12개의 조각이 나와야 한다.

작은 접시에 옥수수 분말과 페리페리 소스를 넣고 버무린다.

키친타월로 할루미 치즈를 톡톡 두드려 말린 후 각 조각을 양념이 묻은 옥수수 분말에 넣고 각 조각의 모든 면에 옥수수 분말이 골고루 입혀지도록 하자.

프라이팬에 저칼로리 조리용 스프레이를 뿌린 후 약불에 올려놓는다. 할루미 치즈를 넣고 각 조각의 모든 면이 노릇노릇 익을 때까지 조심스럽게 뒤집어가며 약 15분간 조리한다. 이때 옥수수 분말이 타지 않도록 센 불에서는 조리하지 말자.

얇게 잘라둔 파를 고명으로 얹고 취향에 따라 곁들여 낼 것과 함께 내놓자.

Tip
이 요리는
무지방 요거트 및
다져둔 차이브와
찰떡궁합이다!

[1] 염소젖이나 양젖에 약간의 박하를 더해 만들며 보존성이 좋아 그냥 먹어도 되고 숙성시켜 먹어도 좋은, 구워 먹는 치즈
[2] 남아공의 불닭인 페리페리 치킨 소스

The Roasted ONION and GARLIC dip is amazing!

구운 양파와 마늘 소스는 끝내주는 요리다! 캐시

칩 숍 커리 소스는 근사했다!
정말 만들기도 쉽고 풍미도 대단했다.
실제 요리보다 훨씬 나은 요리다.

캐시

칩과 딥 소스의 맛은 환상적이다.
토요일 밤에 즐길 만한
근사한 한 끼다!

린다

칩과 딥 소스

CHIPS 'N' DIPS

🕐 **20분** | 🍲 **조리 도구에 따라 다름** 아래 참조 | 🔥 **150칼로리** 1회 제공량

이 소스 레시피는 뚝딱 만들어 먹을 수 있는 건강한 간식으로 제격이다. 미리 준비해둘 경우에는 딥 소스를 냉장고에 보관해둘 수도 있다. 구워서 재워둔 맛있는 토르티야 랩 '칩'과 함께 내놓자. 저녁 식사 전이나 파티를 위해 손쉽게 만들 수 있는 그야말로 완벽하고 특별한 요리다.

--- 주간 식도락 ---

글루텐없는 랩사용

4인분

찍어 먹는 소스용
• 양파 1개(8등분으로 잘라둔 것)
• 마늘 3쪽(껍질을 벗겨둔 것)
• 저칼로리 쿠킹 스프레이
• 무지방 천연 요거트 4테이블스푼
• 천일염과 갓 빻아둔 후추

살사 소스용
• 붉은 양파 1/4개(잘게 깍둑썰기해둔 것)
• 토마토 2개(씨를 바르고 껍질을 벗긴 후 잘게 다져둔 것)
• 병에 담겨 파는 할라페뇨* 5조각 (곱게 다져둔 것)
• 라임 1/4개(즙 내둔 것)
• 잘게 썰어둔 신선한 파슬리 넉넉히 한 줌
• 천일염과 갓 빻아둔 후추

칩용
• 저칼로리 토르티야 랩 4개
• 저칼로리 쿠킹 스프레이
• 훈제 스위트 파프리카(맛내기용)
• 천일염(맛내기용)

구운 양파와 마늘 소스 Roasted Onion and Garlic Dip
🍲 **15분**

오븐을 섭씨 220도(팬 섭씨 200도/ 가스 마크 7)로 예열한다.

베이킹 트레이에 양파와 마늘을 넣고 저칼로리 쿠킹 스프레이를 뿌린 후 오븐에서 약 15분 또는 막 노릇해지기 시작할 때까지 조리한다.

오븐에서 내용물을 꺼내 식힌 후 믹서기나 푸드 프로세서에 넣고 약간 덩어리지도록 살짝 갈아준다.

볼에 요거트와 함께 갈아둔 양파와 마늘을 넣고 버무린 후 소금과 후추로 간하자.

토마토와 할라페뇨 살사 Tomato and Jalapeño Salsa
🍲 **10분**

유리나 스테인리스, 세라믹 등으로 만든 볼에 모든 재료를 넣고 버무린 다음 소금과 후추로 간하여 즐기자!

* 우리나라 청양고추와 비슷한 맥시고 고추

칩Chips

🍳 7분

오븐을 섭씨 180도(팬 섭씨 160도/ 가스 마크 4)로 예열한다.

토르티야 랩에 저칼로리 쿠킹 스프레이를 뿌린다. 그 위에 파프리카와
천일염을 뿌리고 랩에 파프리카를 골고루 문지르자. 랩을 뒤집은 후 이
과정을 반복한다. 랩을 넓은 조각으로 자른 후 다시 각 조각을 토르티야 칩
모양으로 자르자.

베이킹 트레이에 저칼로리 쿠킹 스프레이를 뿌리고 토르티야를 넣는다.
오븐에서 5분간 조리하고 뒤집은 후 다시 2분간 조리하자.

오븐에서 구운 토르티야 '칩'을 꺼내 구운 양파와 마늘 소스, 토마토와
할라페뇨 살사 소스와 함께 내놓자.

사모사

SAMOSAS

🕐 **10분** | 🍲 **15분** | 🔥 **151칼로리** 1회 제공량

사모사. 그렇다, 제대로 읽은 것 맞다! 페이스트리 대신 토르티야 랩을 쓰면 칼로리를 바로 낮출 수 있다. 신선한 재료로 가득한 이 요리를 한번 맛보면 집에서 레스토랑 음식으로 저녁을 즐기는 느낌이라 몇 번이고 다시 찾게 될 것이다. 이때 58면의 초간단 치킨 커리 *Super Simple Chicken Curry*와 같이 곁들여 내놓거나 그냥 간식으로 이 요리만 내놓아도 괜찮다.

주간 식도락

글루텐없는랩사용

6개분

- 중간 크기 감자 2개(껍질을 벗겨 1cm로 깍둑썰기해둔 것)
- 냉동 완두 75g
- 저칼로리 쿠킹 스프레이
- 양파 반 개(깍둑썰기해둔 것)
- 마늘 1쪽(으깨둔 것)
- 찧어둔 생강 뿌리 1티스푼
- 칠리 파우더 넉넉히 한 줌
- 찧어둔 고수 1/2티스푼
- 빻아둔 커민 1/4티스푼
- 빻아둔 강황 1/4티스푼
- 가람 마살라 1/2티스푼
- 시금치 30g
- 레몬 1/2개(즙 내둔 것)
- 천일염
- 저칼로리 토르티야 랩 3개
  (반으로 잘라둔 것)
- 달걀 1개(저어둔 것)
- 신선한 고수(취향에 따른 내놓기용)

팬에 소금물을 받아 끓기 시작하면 깍둑썰기해둔 감자를 넣고 5분간 조리한 후 물을 빼낸다. 완두도 끓는 소금물에 넣어 조리한 후 물기를 빼자.

오븐을 섭씨 200도(팬 섭씨 180도/ 가스 마크 6)로 예열하고 기름이 배지 않는 종이나 베이킹 양피지로 베이킹 트레이의 안을 죽 두른다.

별도의 프라이팬에 저칼로리 쿠킹 스프레이를 뿌린 후 중불에 올려놓는다. 양파, 마늘, 생강을 넣고 내용물이 부드럽지만 노릇노릇해지진 않을 정도로 3~4분간 조리한 후 양념장을 넣고 다시 1분간 조리하자. 익혀둔 감자를 넣고 저어준 후 포크나 숟가락의 뒷면으로 감자를 살짝 으깨준다. 여기에 조리하지 않은 시금치, 레몬즙, 완두와 소금을 한 줌 넣고 다시 저어준다.

반으로 잘라둔 토르티야 랩들의 가장자리를 저어놓은 달걀로 붓질해준다. 랩을 원뿔 모양으로 접고 가장자리를 봉한 후 윗부분은 속을 채우기 위해 열린 상태로 남겨두자.

속을 각 랩에 균등하게 나누어 넣되 너무 많이 채우지 않도록 주의하자. 너무 많이 넣을 경우 적절하게 가장자리를 봉할 수 없다.

랩의 열린 가장자리 부분에 저어둔 달걀로 조금 더 붓질한 후 그 부분이 끈적끈적해질 때까지 30~40초간 두었다가 단단히 눌러 붙인다. 이때 포크를 쓸 수도 있지만 그럴 경우 랩이 찢어지지 않도록 주의하자. 사모사들을 베이킹 트레이에 올려놓는다.

각각의 사모사에 충분한 양의 달걀로 붓질하고 가장자리가 밀봉되었는지 확인한 후 오븐에서 10분 또는 노릇노릇해질 때까지 구워준다.

오븐에서 꺼내 따뜻한 채로 내놓자. 또는 다음에 먹기 위해 식혀서 베이킹 양피지에 싼 후 냉동해둘 수도 있다.

치즈 트위스트
CHEESE TWISTS

🕐 **10분** | 🍲 **20분** | 💧 **32칼로리** 1회 제공량

저녁 파티에 자주 서빙되는 이 요리를 부담 없이 마음껏 먹기란 감히 상상하기 어렵다. 부드러운 퍼프 페이스트리*를 쓰고 풍미의 극대화를 위해 파르메산 치즈와 함께 약간의 겨잣가루를 섞어준다면 맛은 여전히 살리면서도 칼로리를 줄이는 이상적인 방법이 될 수 있다.

───────────────── | 특 별 한 날 | ─────────────────

36개분

· 방망이로 밀어 펴둔 부드러운 퍼프
  페이스트리 320g
· 겨잣가루 1티스푼
· 파르메산 치즈(또는 베지테리언 하드 치즈)
  20g
· 천일염과 갓 빻아둔 후추
· 달걀 1개(저어둔 것)

오븐을 섭씨 190도(팬 섭씨 170도/ 가스 마크 5)로 예열한 후 베이킹 양피지로 2개의 베이킹 트레이를 죽 두른다.

퍼프 페이스트리를 깨끗한 표면이나 큰 판자에 평평하게 놓자.

페이스트리의 전체 표면에 겨잣가루와 1/2티스푼의 물을 섞은 혼합물을 페이스트리 솔로 붓질해준다.

미세 강판을 써서 파르메산 치즈를 간 후 페이스트리에 골고루 뿌려준다. 다음 단계는 좀 까다로우므로 뒷면에 제시한 이미지를 참고하며 진행하자.

우선 반죽을 소금과 후추로 잘 간하고 반으로 접은 후 가로로 잘라 36개 조각을 만든다. 이를 위한 가장 손쉬운 방법은 반으로 접은 반죽을 3등분하여 각 3등분된 조각을 다시 3등분한 다음 각 조각을 다시 반으로 자르고, 또다시 각 조각을 반으로 자르는 것이다.

조심스럽게 각 페이스트리 조각을 몇 번 비틀어준 후 안을 양피지로 죽 두른 베이킹 트레이 중 하나에 올려놓되 페이스트리 조각을 너무 많이 올리지 않도록 하자. 오븐에서 페이스트리 조각들이 부풀어 오를 것이기 때문이다. (이때 페이스트리 조각들을 냉동고로 옮겨 다음에 조리할 수도 있다.)

각각의 비틀어놓은 페이스트리 조각에 저어둔 달걀로 붓질한 후 노릇노릇해질 때까지 20분간 오븐에서 굽는다.

Tip
칼칼한 맛을
원할 경우
카옌페퍼 한 줌을
뿌려보자.

*얇게 반죽한 페이스트리를 여러 장 겹쳐서 파이, 케이크 등을 만들 때 쓰는 것

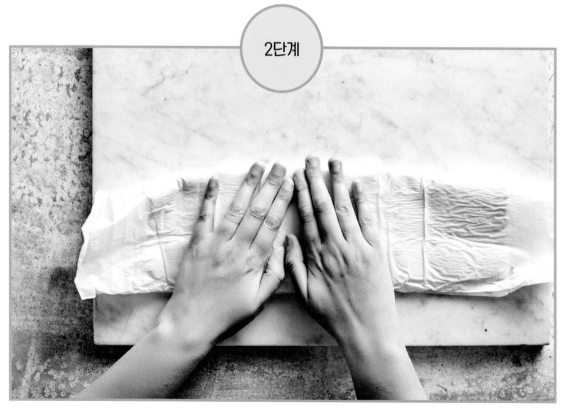

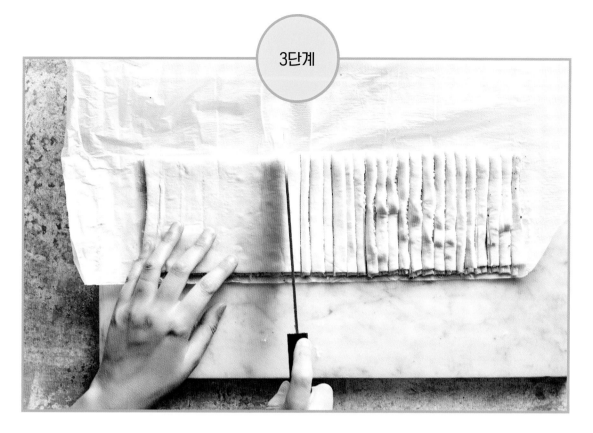

참치 스카치 에그
TUNA SCOTCH EGGS

🕐 **5분** | 🍲 **40분** | 🔥 **208칼로리** 1회 제공량

이 스카치 에그는 생선의 쓰임새가 얼마나 다양한지 제대로 보여주는 요리다. 정통 스카치 에그 레시피에 쓰이는 기름진 돼지고기를 참치로 대체하면 정통 스카치 에그 맛은 그대로 살리면서도 칼로리를 제대로 줄일 수 있다. 고기 맛이 나는 생선과 삶은 달걀의 조합은 이 요리를 그야말로 진정한 승자로 만들어준다.

주간 식도락

2인분

- 중간 크기 달걀 2개
- 감자 100g(껍질을 벗겨 잘게 썰어둔 것)
- 통밀빵 30g(묵은 빵이 가장 좋다)
- 참치 통조림 110g짜리 1개(물기를 뺀 것)
- 신선한 차이브 1티스푼
- 레몬즙 1티스푼
- 천일염과 갓 빻아둔 후추
- 저칼로리 쿠킹 스프레이

끓는 소금물이 담긴 프라이팬에 달걀을 넣고 6분간 뭉근히 끓인다. 달걀이 익으면 물을 빼고 얼음물이 담긴 볼에 넣어 식히자.

끓는 소금물에 감자를 넣고 부드러워질 때까지 15~20분간 조리한다.

감자가 익는 동안 푸드 프로세서로 통밀빵을 가루 형태가 될 때까지 갈아준 후 가루를 꺼내 한쪽에 놓아두자. 오븐을 섭씨 200도(팬 섭씨 180도/ 가스 마크 6)로 예열한다.

감자의 물기를 뺀 후 부드러워질 때까지 으깨준다. 이때 소형 매셔나 포테이토 라이서를 써도 된다. 으깬 감자를 살짝 식혀준다.

감자에 참치, 차이브, 레몬즙을 넣고 소금과 후추로 간하여 맛을 낸다. 혼합물을 잘 저어준 후 반으로 똑같이 나누자.

껍질을 살살 벗겨낸 달걀 하나를 통조림에서 꺼낸 참치 절반과 감자 혼합물로 감싸서 매끄러운 공 모양을 만들자. 이렇게 공 모양 두 개를 만들어 빵가루를 발라준다. 이때 조리 중에 빵가루가 떨어지지 않도록 잘 눌러주자.

베이킹 트레이에 달걀들을 넣고 저칼로리 쿠킹 스프레이를 뿌린 후 오븐에서 약 20분 또는 노릇노릇해질 때까지 굽는다.

오븐에서 꺼내 내놓자.

Tip
참치를 그다지 좋아하지 않는다면 참치 대신 연어 통조림을 써보자.

치즈 마늘빵

CHEESY GARLIC BREAD

🕐 **10분** | 🍲 **10분** | 🔥 **85칼로리** 1회 제공량

이 마늘빵은 라자냐나 앞에서 소개한 비프 라구 페투치네 Beef Ragu Fettuccine (151면 참조)와 곁들여 내기에 안성맞춤이다. 이 요리에 치즈를 약간 얹어주면 정말 파티를 벌이는 느낌이 들 것이다! 신선한 마늘과 약간의 저칼로리 쿠킹 스프레이를 쓰고 빵을 글루텐 없는 것으로 사용하면 칼로리는 줄이면서 맛은 그대로 살릴 수 있다.

주 간 식 도 락

2인분

- 글루텐 없는 치아바타 롤 2개
  (길게 잘라둔 것)
- 마늘 1쪽(껍질을 벗겨 통째로 둔 것)
- 저칼로리 쿠킹 스프레이
- 다진 토마토 통조림 4테이블스푼
- 저지방 체더치즈 40g(곱게 갈아둔 것)
- 천일염과 갓 빻아둔 후추
- 잘게 썬 신선한 파슬리 1티스푼

오븐을 섭씨 200도(팬 섭씨 180도/ 가스 마크 6)로 예열한다.

치아바타를 반으로 잘라 오븐용 트레이에 올려놓는다. 마늘 1쪽을 칼등으로 눌러 으깬 후 치아바타의 자른 단면에 빈틈이 없도록 문지르자. 마늘이 많이 들어가기를 원한다면 마늘을 잘 찧어서 치아바타 위에 더 뿌려주자.

치아바타에 저칼로리 쿠킹 스프레이를 뿌린 후 오븐에 5분간 넣어둔다.

오븐에서 치아바타를 꺼내 그 위에 토마토와 치즈를 얹는다. 치즈가 녹을 때까지 오븐에 다시 넣었다가 간한 후 위에 파슬리를 뿌리자.

사워크림과 차이브 소스를 곁들인 고구마 로스티

SWEET POTATO ROSTIS WITH SOUR CREAM AND CHIVE DIP

🕙 **10분** | 🗑 **35분** | 🔥 **33칼로리** 1회 제공량

고구마는 담백한 감자를 쓰지 않고도 로스티에 바로 풍미를 더해주는 훌륭한 재료다. 간단한 양념으로 맛을 불어넣은 이 요리는 칼로리 높은 크림소스 대신 무지방 그릭 요거트를 쓰며, 더욱이 저칼로리 사워크림 및 차이브 소스와 환상의 궁합을 이룬다.

―――――――――― 매일매일 가볍게 ――――――――――

12개분

로스티용
- 큰 고구마 1개(껍질을 벗겨둔 것)
- 말린 칠리 플레이크(치폴레* 칠리 플레이크가 정말 맛있다!) 1/2티스푼
- 빻아둔 커민 1/2티스푼
- 양파 과립 1/2티스푼
- 마늘 과립 1티스푼
- 천일염 1/2티스푼
- 갓 빻아둔 후추 1/2티스푼
- 큰 달걀 1개
- 저칼로리 쿠킹 스프레이

찍어 먹는 소스용
- 무지방 그릭 요거트 250g
- 잘게 썰어둔 차이브 3테이블스푼

오븐을 섭씨 190도(팬 섭씨 170도/ 가스 마크 5)로 예열한다.

고구마를 강판에 갈아 큰 전자레인지용 볼에 넣은 후 랩을 씌워 '하이'로 설정하고 2분간 조리한다. 깨끗한 마른행주로 덮어 여분의 물기를 짜내자.

향신료, 양파와 마늘 과립, 소금, 후추를 달걀과 함께 고구마에 넣고 잘 섞어준다. 로스티를 좀 더 매콤하게 하고 싶다면 칠리 플레이크를 약간 넣어주자.

베이킹 트레이에 저칼로리 쿠킹 스프레이를 뿌린다. 고구마 혼합물을 작게 한 줌 집어 남은 물기를 짜내면서 둥근 모양을 낸다. 이때 고구마의 양은 12개의 로스티를 만들기에 충분해야 한다. 고구마 혼합물을 베이킹 트레이에 올려놓고 납작하게 모양을 낸 후 저칼로리 쿠킹 스프레이를 조금 더 뿌리고 오븐에 넣어 20분간 구워준다.

20분 후에 로스티를 조심스럽게 뒤집고 저칼로리 쿠킹 스프레이를 뿌린 후 다시 오븐에 넣어 노릇노릇해질 때까지 15분간 좀 더 굽는다.

그러는 동안 딥 소스를 만들기 위해 요거트와 차이브를 작은 볼에 넣고 섞어준 후 로스티를 뜨거울 때 내놓자.

* 멕시코식 패스트푸드점

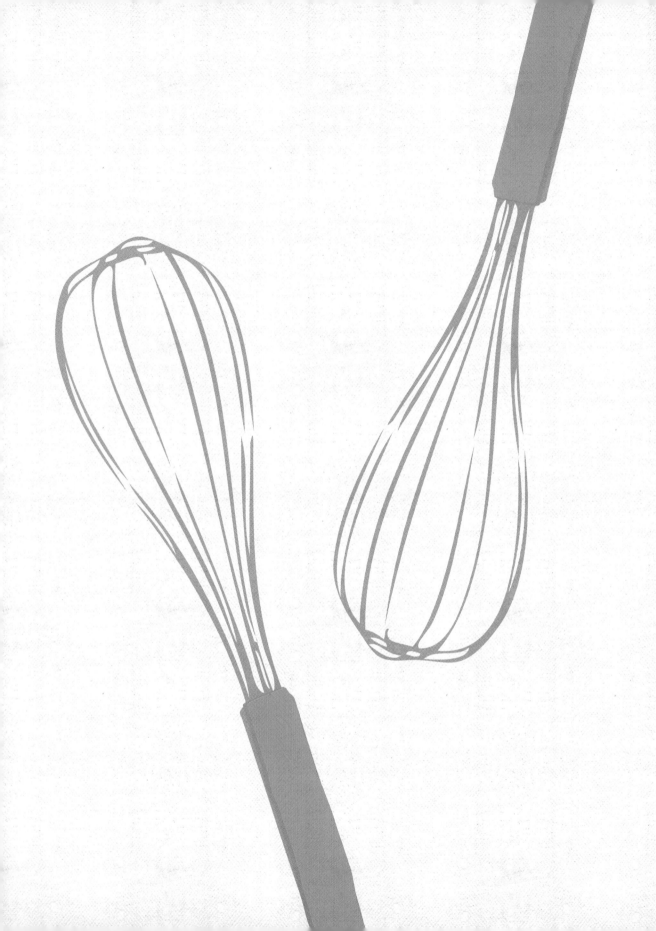

CHAPTER 7

달콤한 후식

치즈케이크로 속을 채운 딸기

CHEESECAKE-STUFFED STRAWBERRIES

🕐 **10분** | 🫕 **요리할 필요 없음** | 🔥 **107칼로리** 1회 제공량

이 레시피는 핀치 오브 넘이 탄생시킨 주역이다! 이 레시피에 대한 아이디어는 탄수화물에 대한 욕구를 잠재우는 동시에 더 건강하면서도 달콤한 간식거리를 만들 재료를 고민할 때 떠올랐다. 이후 이 레시피에 관심이 있을 만한 사람들 및 그 외 많은 사람들과 공유하려고 만든 블로그는 이른바 역사가 되었다. 웹사이트에서 여전히 최고 인기 메뉴인 이것은 쉽게 만들 수 있을뿐더러 우리가 매우 자랑스러워하는 음식이다. 두말할 나위 없이 맛 또한 끝내준다.

주 간 식 도 락

4인분

- 중간 또는 큰 크기의 딸기 24개(꼭지를 따둔 것)
- 크박 치즈 120g
- 저지방 크림치즈 25g
- 굵은 입자의 감미료 50g(맛보기용)
- 바닐라 추출액 1/2티스푼
- 저칼로리 다이제스티브 비스킷 1개(바스러뜨려둔 것)

작고 날카로운 칼을 사용해 (꼭지가 있던 곳을 자르고) 딸기의 안쪽을 원뿔 모양으로 도려내자.

볼에 크박, 크림치즈, 감미료, 바닐라 추출액을 넣고 내용물이 덩어리 없이 고루 섞일 때까지 저어준다.

작은 냉동용 지퍼백에 크박과 치즈 혼합물을 채워 넣는다. 이때 꼭 지퍼백의 한 모서리에 모든 혼합물이 들어가도록 하자. 지퍼백을 닫은 후 모서리의 끝을 구멍이 나도록 작게 자른다(구멍이 꽤 작아야 딸기 안에 혼합물을 짜 넣을 수 있다).

각 딸기에 속을 짜 넣고 그 위에 바스러뜨려둔 다이제스티브 비스킷 부스러기를 뿌린 후 냉장고에 넣어두었다가 내놓는다. (자칫 눅눅해질 수 있으므로 1시간 이상 두지는 말자.)

티라미수

TIRAMISU

🕐 **10분** | 🍲 **요리할 필요 없음** | 🔥 **108칼로리** 1회 제공량

티라미수는 어떤 저녁 파티나 식사 자리라도 호화롭게 마무리시켜줄 환상적이고 빠른 방법이다. 간단하게 몇 가지 재료만 바꿔주면 칼로리는 낮추면서 커피의 진한 풍미는 그대로 살릴 수 있다. 리코타 치즈로 크리미한 맛을 더해주고, 초콜릿 토핑으로 마무리하자.

주간 식도락

4인분

- 리코타 150g
- 바닐라빈 페이스트[1] 또는 바닐라빈 추출액 2티스푼
- 굵은 입자의 감미료 2티스푼
- 스펀지 핑거[2] 8개(각각 3등분해둔 것)
- 진한 에스프레소 100ml(식혀둔 것)
- 코코아 가루 1테이블스푼

볼에 리코타, 바닐라빈 페이스트, 굵은 입자의 감미료를 넣고 내용물이 덩어리 없이 부드럽게 고루 섞일 때까지 저어준다.

125ml짜리 라미킨 각 4개의 바닥에 스펀지 핑거 조각을 3개씩 놓자. 각각의 라미킨에 2티스푼의 에스프레소를 넣은 후 라미킨의 바닥이 덮일 정도로 스펀지 핑거를 짓눌러 으깨면서 펴준다. 그 위에 리코타 혼합물을 얹은 후 라미킨의 가장자리 쪽으로 스펀지 핑거 조각을 3개씩 더 넣어주자. 이번엔 으깰 필요 없다.

그 위에 에스프레소를 조금 더 넣고 여기에 남은 리코타 혼합물을 얹는다.

코코아 가루를 체에 넣고 각각의 티라미수 위로 넉넉히 뿌려준다. 10분 정도 또는 먹기 직전까지 차게 해두었다가 내놓자.

Tip

이 요리는 성대한 저녁 파티 디저트 요리가 되어줄 것이다! 커피 리큐르[3]와 곁들여 취기를 돋워보자.

[1] 바닐라빈에서 나오는 까만 씨앗을 넣어 숙성시킨 것

[2] 손가락 모양의 작은 스펀지 케이크

[3] 럼주에 커피와 시럽 등을 넣은 담금주

초콜릿 에클레어
CHOCOLATE ECLAIRS

🕐 **10분** | 🗑 **1시간** | 🔥 **109칼로리** 1회 제공량

슈 페이스트리choux pastry[1]라고 하면 대부분이 과한 끼니로 치부해버린다. 하지만 저지방 스프레드와 감미료를 쓰면 칼로리를 많이 낮출 수 있다. 그렇게 초콜릿과 스프레이 휘핑크림만 살짝 곁들여도 이 요리는 최고로 달콤한 특별식이 된다.

특 별 한 날

10개분

- 굵은 입자의 감미료 2테이블스푼
- 소금 1/4티스푼
- 저지방 스프레드 100g
- 냉수 150ml
- 베이킹파우더가 든 밀가루(없을 경우 밀가루 100g, 베이킹 파우더 3/4티스푼, 소금 1/4티스푼) 100g
- 큰 달걀 2개
- 다크 초콜릿 칩 25g
- 저지방 스프레이 휘핑크림 10테이블스푼

[1] 달걀로 만든 아주 부드러운 과자
[2] 짤주머니의 작은 구멍에서 유체를 분출시키는 통 모양으로 된 장치의 통칭

Tip
페이스트리 번을 구워 냉동 보관해두었다가 나중에 필요할 때 해동시켜서 속을 채운 후 내놓아도 된다.

오븐을 190도(팬 섭씨 170도/ 가스 마크 5)로 예열하고 베이킹 양피지로 베이킹 트레이의 안을 죽 두른다.

냄비에 물과 함께 굵은 입자의 감미료, 소금, 저지방 스프레드를 넣고 펄펄 끓인다. 혼합물이 끓자마자 냄비를 불에서 내리고 밀가루를 서서히 섞어준다. 혼합물이 처음엔 여기저기 덩어리진 상태로 보이겠지만 굴하지 말고 계속 저어주자. 혼합물이 냄비에 눌어붙지 않고 공같이 둥근 모양의 반죽 형태가 될 때까지 저어준다. 혼합물에 달걀을 넣고 잘 섞이도록 저어준다. 처음엔 혼합물이 달걀과 따로 노는 것 같겠지만, 번들번들해질 때까지 계속 휘저어주자.

혼합물을 숟가락으로 떠서 큰 노즐[2]이 딱 맞게 장착된 짤주머니에 넣는다. 베이킹 양피지로 안을 죽 두른 베이킹 트레이 위에 10개의 에클레어(1개당 크기 약 12cm)를 짜준다. 에클레어 꼬리가 올라오면 물을 묻힌 손가락으로 눌러 모양을 잡은 후 1시간 동안 오븐에서 굽자. 이때 중간에 오븐을 열어선 절대 안 된다! 살짝 열고 들여다보는 것도 안 된다. 그렇게 하면 한껏 부풀어 오르던 에클레어가 주저앉아 결국 팬케이크를 만들게 될 것이다!

시간이 다 되면 오븐에서 에클레어를 꺼내고 튀김망 같은 철제 선반 위에서 식힌다. 내놓을 준비가 되었을 때만 에클레어의 속을 채우자. 휘핑크림은 한번 짜내면 모양이 오래 유지되지 않는다! (에클레어의 속을 채우기에 앞서 이때 냉동 보관해둘 수도 있다.)

에클레어가 완전히 식은 후 각 에클레어의 4분의 3지점까지 길게 잘라준다. 볼에 초콜릿 조각을 넣고 전자레인지에서 녹이자. 저지방 휘핑크림 1테이블스푼을 각 에클레어의 갈라진 틈에 짜주고 그 위에 녹은 초콜릿을 부어 바로 내놓자.

베이크웰 타르트

BAKEWELL TARTS

🕐 **10분** | 🗑 **35분** | 🔥 **70칼로리** 1회 제공량

베이크웰 타르트*를 싫어하는 사람은 아무도 없다. 그런데 아몬드와 균형을 맞추기 위해 곁들인 타르트 잼을 슬리밍 푸드라고 할 순 없다. 하지만 이 레시피는 현명한 재료 사용으로 진정한 맛은 살리면서도 아무런 죄책감 없이 먹을 수 있게 해주어 모두를 깜짝 놀라게 할 것이다. 그야말로 완벽한 레시피다!

--- | 특별한 날 | ---

10개분

- 저칼로리 쿠킹 스프레이
- 저칼로리 토르티야 랩 2개
- 베이킹파우더가 든 밀가루 25g
- 저지방 스프레드 25g
- 큰 달걀 1개
- 굵은 입자의 감미료 2테이블스푼
- 아몬드 추출액 1티스푼
- 무가당 산딸기 잼 2테이블스푼
- 아몬드 5g(플레이크처럼 얇게 썰어둔 것)

오븐을 섭씨 190도(팬 섭씨 170도/ 가스 마크 5)로 예열한 후 12구용 머핀 틀에 저칼로리 쿠킹 스프레이를 뿌린다.

7cm의 반죽 절단기로 각 랩에서 머핀 틀의 구멍 크기에 맞는 5개의 원 모양을 잘라낸다. 각 원 모양을 기름칠해둔 머핀 틀의 구멍에 넣되 구멍이 잘 메꿔지도록 밀어 넣자. 오븐에서 8분 동안 구워낸다.

그러는 동안 밀가루, 저지방 스프레드, 달걀, 감미료, 아몬드 추출액을 믹싱 볼에 넣고 섞는다.

오븐에서 '반죽' 케이스, 즉 머핀 틀을 꺼내 각 케이스에 잼을 골고루 넣은 후 살짝 눌러 펴준다.

믹싱 볼에 준비해둔 혼합물 반죽을 숟가락으로 떠서 각각의 반죽 케이스에 담되 잼을 덮을 정도로만 조금씩 담아준다. (이때 혼합물이 넘치지 않도록 주의하자.) 그 위에 얇게 썰어둔 아몬드를 뿌리고 오븐에서 노릇노릇해질 때까지 25분간 굽는다.

오븐에서 머핀 틀을 꺼내 몇 분간 식힌 후 타르트를 빼내어 철제 선반으로 옮기자.

* 잼과 아몬드 맛 재료를 채워 위에 밀가루 반죽을 씌우지 않고 만든 파이

커피와 피칸 미니 케이크
MINI COFFEE AND PECAN CAKES

🕐 **10분** | 🍲 **16분** | 🔥 **50칼로리** 1회 제공량

커피와 피칸이 들어간 이 사랑스러운 미니 케이크는 단것을 좋아하는 사람이라면 정말 마음에 쏙 들 것이다. 대부분의 케이크보다 칼로리를 낮춘 사소한 재료 변화에 대해 알아채는 사람은 아마 아무도 없을 것이다. 놀랍도록 부드럽게 부풀린 반죽과 풍부한 버터크림으로 만든 이 요리는 파티나 특별한 행사에도 완전 제격이다.

───────────────── │ 특 별 한 날 │ ─────────────────

24개분

케이크용
- 베이킹파우더가 든 밀가루 50g
- 저지방 스프레드 50g
- 코코아 가루 1테이블스푼
- 굵은 입자의 감미료 2와 1/2테이블스푼
- 소금 한 줌
- 큰 달걀 2개
- 베이킹파우더 1티스푼
- 인스턴트 커피 가루 1테이블스푼
- 피칸 반으로 자른 것 24개(장식용)

버터크림용
- 코코아 가루 1티스푼
- 저지방 스프레드 25g
- 가루 설탕 50g
- 인스턴트 커피 가루 1티스푼

오븐을 섭씨 190도(팬 섭씨 170도/ 가스 마크 5)로 예열한다.

모든 케이크 재료(피칸은 제외)를 볼에 넣고 전동 핸드 거품기로 혼합물이 덩어리 없이 고루 섞일 때까지 저어준다.

24구용 미니 실리콘 머핀 트레이에 케이크 혼합물을 1티스푼씩 가득 떠서 각 구멍에 골고루 나누어 담자. 머핀 트레이를 오븐에 옮긴 후 혼합물이 부풀어 오르고 다 구워질 때까지 16분간 구워준다.

케이크를 오븐 및 트레이에서 꺼내 튀김망 같은 철제 선반에 올려놓고 식히자. (이때 다른 날 쓰기 위해 푸딩을 냉동 보관할 수도 있다.)

볼에 버터크림 재료를 넣고 섞는다. 케이크가 식으면 가운데를 반으로 잘라주자. 케이크의 반쪽에 버터크림을 펴 바른 후 나머지 반쪽을 다시 그 위에 덮는다. 버터크림 한 방울을 각 케이크의 윗부분에 살짝 떨어뜨리고 피칸을 얹은 후 밀폐 용기에 담아두면 최대 3일까지 보관할 수 있다.

자두와 아몬드 빵 푸딩

PLUM AND ALMOND BREAD PUDDING

🕐 5분 | 🍲 10분 | 🔥 **250칼로리** 1회 제공량

이 레시피는 믿을 수 없을 정도로 간단하지만 맛은 정말 끝내준다. 아몬드 추출액 한 방울과 무가당 아몬드 밀크를 써서 천연의 달콤함을 가득 채운 데다 칼로리까지 낮췄으니 무슨 말이 더 필요하겠는가?

───────────── | 특별한 날 | ─────────────

4인분

- 무가당 아몬드 우유 200ml
- 아몬드 추출액 1/2티스푼
- 굵은 입자의 감미료 2테이블스푼
- 큰 달걀 2개
- 화이트 브레드[1] 2조각 (각기 네모난 24조각으로 썰어둔 것)
- 중간 크기 자두 2개 (반으로 잘라 씨를 빼고 각 반 개를 8등분으로 썰어둔 것)

오븐을 섭씨 190도(팬 섭씨 170도/ 가스 마크 5)로 예열한다.

프라이팬에 아몬드 밀크를 넣고 약불에서 데워주되 끓이진 말자. 여기에 아몬드 추출액과 3티스푼의 감미료를 넣어준다.

중간 크기의 볼에 달걀을 넣고 저어주다가 데운 아몬드 밀크를 넣어 섞는다.

10cm의 오븐용 라미킨을 쓰는 경우라면, 6개의 네모난 빵 조각을 각 6개의 라미킨 바닥에 깔아주자. 각 빵 조각 위에 자두 조각을 하나씩 얹고, 그 위에 1/2티스푼의 감미료를 뿌린 후 다시 빵조각을 얹는다.

준비해둔 달걀 혼합물을 4개의 굽기용 접시에 균등하게 나눠 담은 후 각각 자두 2조각을 얹고 그 위에 남은 감미료를 뿌린다. 혼합물이 커스터드[2]가 되어 빵에 스며들도록 5분간 놔두자. (아니면 23cm의 오븐용 접시 하나에 각 재료를 겹겹이 쌓을 수도 있다.)

베이킹 트레이에 라미킨이나 오븐용 접시를 올려놓는다. (이때 다른 날 조리하기 위해 푸딩을 냉동 보관할 수도 있다.)

10분간 또는 달걀이 익어 윗부분이 노릇노릇해질 때까지 오븐에서 조리한 후 내놓자.

---

[1] 흰 밀가루로 만든 빵

[2] 우유, 설탕, 달걀, 밀가루를 섞어 만든 것으로 보통 익힌 과일이나 푸딩 등에 얹어 따뜻할 때 먹음

솔티드 캐러멜 바노피 파이

SALTED CARAMEL BANOFFEE PIES

🕐 **20분** | 🗑 **요리할 필요 없음** | 🔥 **234칼로리** 1회 제공량

바노피 파이를 슬리밍 푸드로 만드는 건 우리에게 있어 매우 진지한 임무였다. 그 독특한 맛을 내려 할 때 도무지 포기할 만한 게 없었기 때문이다. 결국 이 버전에서 칼로리를 줄이기 위해 몇 가지 간단한 재료를 바꾸었는데 과연 맛은 어땠을까? 당연히 맛도 끝내줬다! 이 파이는 저녁 파티를 위한 훌륭한 디저트일 뿐 아니라 평일 밤 내놓기에도 손색없는 특별 간식이다.

───── ❯ 특 별 한 날 ❮ ─────

4인분

- 저지방 스프레드 10g
- 로투스 비스코프 비스킷[1] 8개
- 라이트 크림치즈 110g
- 무지방 그릭 요거트 175g
- 굵은 입자의 감미료 3테이블스푼
- 솔티드 캐러멜[2] 향료 2티스푼
- 바나나 2개
- 레몬즙 1티스푼
- 솔티드 캐러멜 소스 1테이블스푼

볼에 저지방 스프레드를 담아 전자레인지에 넣고 약 10초간 녹인다.

또 다른 볼에 로투스 비스코프 비스킷을 넣어 잘게 부순 다음 앞서 녹여둔 저지방 스프레드 위에 뿌린 후 골고루 섞어주자. 4개의 라미킨에 비스킷 혼합물을 나누어 담은 후 라미킨 바닥에 밀착될 정도로 단단히 눌러준다. 비스킷이 단단해질 때까지 각 라미킨을 10분간 냉장고에 넣어두자.

그러는 동안 라이트 크림치즈, 그릭 요거트, 감미료, 솔티드 캐러멜 향료를 볼에 넣고 내용물이 덩어리 없이 고루 섞일 때까지 저어준다. 파이 재료가 다 합쳐질 준비가 될 때까지 냉장고에 넣어두자.

바나나의 껍질을 벗겨 얇게 썰어준다. 바나나를 볼에 넣고 레몬즙을 입히자(이렇게 하면 바나나가 변색되는 걸 막을 수 있다).

냉장고에서 각 라미킨을 꺼내 썰어놓은 바나나 조각들을 비스킷 혼합물 위에 층을 쌓듯 얹는다. 그런 다음 냉장고에서 차가워진 치즈케이크 혼합물을 꺼내 숟가락으로 떠서 바나나 층 위에 얹고 치즈케이크 층 위에 바나나 조각을 한층 더 얹어 마무리한다.

솔티드 캐러멜 소스를 살짝 뿌린 후 내놓자.

[1] 벨기에산 커피과자
[2] 살짝 짭짤한 캐러멜

스티키 토피 푸딩
STICKY TOFFEE PUDDING

🕐 5분 | 🍲 20분 | 🔥 **233칼로리** 1회 제공량

이 요리의 이름을 보면 문득 이런 생각이 들 것이다. '슬리밍 푸드 책에 웬 스티키 토피 푸딩?' 하지만 핀치 오브 넘에서 슬리밍 푸드 친화 디저트를 만들려는 우리의 결심은 변함이 없고, 이 스티키 토피 푸딩은 그중에서도 단연 돋보인다. 달콤하고 화려하며 풍성한 맛을 보는 순간, 이 요리의 칼로리가 그렇게 낮다는 사실에 혀를 내두를 것이다!

──────────────── | 특 별 한 날 | ────────────────

4인분

· 저칼로리 쿠킹 스프레이
· 베이킹 파우더가 든 밀가루 75g
· 베이킹 파우더 1티스푼
· 당밀 1테이블스푼
· 굵은 입자의 감미료 3테이블스푼
· 저지방 스프레드 50g
· 중간 크기 달걀 3개
· 메이플 시럽 1테이블스푼

오븐을 190도(팬 섭씨 170도/ 가스 마크 5)로 예열하고 라미킨에 저칼로리 쿠킹 스프레이를 뿌리자.

모든 재료(메이플 시럽 제외)를 큰 믹싱 볼에 넣고 혼합물이 완전히 섞이면서 휘핑크림처럼 가볍고 공기 같은 질감이 들 때까지 전동 핸드 거품기로 저어준다.

메이플 시럽을 각 라미킨에 골고루 나누어 담은 후 시럽 위에 케이크 혼합물을 얹고 오븐에서 20분간 구워준다.

오븐에서 꺼내 약간 식혀주면 어느새 라미킨 안에는 푸딩 요리가 완성돼 있을 것이다. 취향에 따라 곁들일 것과 함께 내놓자.

크렘 브륄레

CRÈME BRULÉE

🕐 5분 | 🍲 35분 | 🔥 **279칼로리** 1회 제공량

크렘 브륄레가 이 슬리밍 푸드 책에 실릴 수 있다니 좀 의아스럽겠지만 이렇게 보란 듯이 나와 있다. 게다가 완벽한 특별식 레시피로서 말이다. 몇 가지 정통 재료를 바꾸면 맛은 여전히 살리면서도 칼로리는 줄일 수 있다. 이 레시피는 분명 저녁 파티를 위한 인기 메뉴로 등극하게 해줄 것이다. 그야말로 과식 걱정 따위 없이 즐길 수 있는 디저트 요리이기 때문이다!

--- | 특 별 한 날 | ---

6인분

- 무지방 우유 400ml
- 큰 달걀 2개와 큰 달걀노른자 2개
- 바닐라빈 페이스트 또는 추출액 2티스푼
- 굵은 입자의 감미료 4테이블스푼
- 설탕 6티스푼

오븐을 섭씨 190도(팬 섭씨 170도/ 가스 마크 5)로 예열한 후 크고 깊은 베이킹 접시에 6개의 오븐용 라미킨을 올려놓는다.

우유, 달걀노른자, 바닐라, 감미료를 큰 저그[1]에 넣고 잘 섞는다. 이때 혼합물에 공기가 들어가지 않게 하려면 모든 달걀이 완전히 섞일 때까지 포크로 부드럽게 저어주자.

달걀 혼합물을 라미킨에 골고루 나누어 담은 후 베이킹 접시에 조심스럽게 끓는 물을 부어 라미킨 그릇의 중간 정도까지 차도록 채워준다. 오븐에 넣고 35분 또는 달걀 혼합물이 굳을 때까지 조리한다.

라미킨을 오븐 및 베이킹 접시에서 꺼내 식히자.

일단 식으면 각각의 크렘 브륄레 위에 설탕 1티스푼을 뿌려 윗부분이 덮이도록 부드럽게 흔들어준다. 블로우토치[2]로 설탕을 녹인 후 설탕이 굳어 크렘 브륄레의 위층이 바삭바삭해지면 내놓자. 그릴을 쓸 경우, 그릴이 정말 뜨거운지 확인하고 가급적 크렘 브륄레를 그릴에 아주 가까이 놓는다(다만 이때 설탕이 타서는 안 된다). 식힌 후 설탕이 굳어지면 내놓자.

---

[1] 액체를 담아 부을 수 있게 주둥이가 있고 손잡이가 달린 주전자
[2] 소형 발염 장치

구스베리 풀

GOOSEBERRY FOOL

🕐 **10분** | 🫕 **10분** | 🔥 **249칼로리** 1회 제공량

톡 쏘는 맛과 달콤한 맛을 동시에 내는 구스베리[1]는 근사하고 크리미한 풀[2] 요리와 찰떡궁합이다. 게다가 '풀fool' 이란 이름도 언뜻 이 구스베리에 크림이 가득할 것처럼 우리를 깜박 속이기(fool) 때문에 구스베리와 찰떡궁합 이다. 다만 이 레시피는 크림 대신에 무味맛 소프트 치즈를 사용하므로 저칼로리를 유지하면서도 크리미한 맛 을 풍부하게 선사한다.

───── | 특별한 날 | ─────

2인분

- 구스베리 200g
- 굵은 입자의 감미료 2테이블스푼 + 2티스푼
- 크박 치즈 120g
- 무지방 그릭 요거트 120g
- 무가당 엘더플라워 코디얼[3] 2티스푼
- 민트 잎 (취향에 따른 내놓기용)

냄비에 구스베리를 넣어 뚜껑을 덮고 약불에서 약 10분 동안 구스베리가 부드러워지면서도 바스러지기 시작할 때까지 조리한다. 불에서 내려 2테이블스푼의 감미료를 넣고 저어준 후 식히자.

크박 치즈와 요거트를 볼에 넣고 섞일 때까지 저어준 후 식혀둔 구스베리와 엘더플라워 코디얼, 남은 감미료 2티스푼을 넣고 저어준다. 냉장고에 30분 동안 넣어둔 후 두 그릇에 나눠 담고 취향에 따라 민트 잎을 얹어 내놓자.

[1] 유럽이나 북아프리카, 서남아시아에서 주로 재배되는 연한 초록빛의 작고 둥그런 모양의 열매
[2] 과일을 삶아 으깬 것에 크림이나 커스터드를 섞어 차게 먹는 디저트
[3] 엘더플라워에 설탕을 넣어 만든 영국의 전통 음료

사과 스트루델

APPLE STRUDEL

🕐 **10분** | 🗑 **10분** | 🔥 **278칼로리** 1회 제공량

처음 이 레시피를 웹사이트에 올렸을 때 이 요리는 큰 반향을 불러일으켰다. 어찌나 대단했던지 유명 브랜드의 토르티야 랩이 실제로 동이 날 지경이었다! 다행히 그 브랜드의 랩은 물론 다른 브랜드의 랩도 재입고되었다. 다시 말해 칼로리 없이 근사한 페이스트리 질감과 맛을 지닌 이 요리를 얼마든지 먹을 수 있다는 얘기다.

특별한 날

글루텐없는 랩사용

1인분

- 베이킹용 사과 1개(껍질을 벗겨 잘게 썰어둔 것)
- 빻아둔 시나몬 1/2티스푼
- 굵은 입자의 감미료 2티스푼(뿌리기용 여분으로 조금 더 준비해 둘 것)
- 물 1테이블스푼
- 다진 고기 2티스푼(베지테리언용인지 확인해둘 것)
- 저칼로리 토르티야 랩 1개
- 중간 크기 달걀 1개(저어둔 것)
- 저칼로리 쿠킹 스프레이

전자레인지용 볼에 사과, 시나몬, 감미료, 물을 넣고 저어준다. 볼에 랩을 씌우고 전자레인지를 '하이'로 설정하여 2분 또는 사과가 부드러워지기 시작하면서도 여전히 씹히는 식감이 있을 때까지 조리하자.

전자레인지용 볼에 남은 물기를 뺀 후 조리해둔 사과 혼합물에서 60g만큼을 덜어내 다진 고기와 섞어준다. (나머지 사과 혼합물은 다음에 쓰기 위해 비축해두자.)

오븐을 섭씨 200도(팬 섭씨 180도/ 가스 마크 6)로 예열한다. 다음 단계는 좀 까다로우므로 뒷면에 제시한 이미지를 참고하며 진행하자.

우선 랩을 동일한 너비의 세 부분으로 접는다. 랩을 펼 때 접힌 자리가 보이도록 단단히 눌러주자. 그 상태에서 랩을 펴고 세로로 반으로 접는다. 이때 모든 접힌 선이 보여야 한다.

날카로운 칼을 이용해 랩의 접힌 선 아랫부분에서 시작해 원둘레를 따라 두 손가락의 폭만큼 이동한 후 대각선 방향으로 잘라준다. 그런 다음 같은 각도로 손가락 하나 너비 정도만큼 잘라주자. 이런 식으로 (6~8조각이 나오도록) 계속 자르되 랩의 윗부분과 아랫부분은 자르지 않은 상태로 두자.

랩을 펴고 가장자리에 각별히 주의를 기울이면서 저어둔 달걀로 전체를 붓칠한다. 랩의 중간에 숟가락으로 사과 혼합물을 떠 넣고 우선 랩의 윗부분과 아랫부분을 접는다. 그런 다음 자신에게 가장 가까운 모서리에서부터 랩의 아랫부분 왼쪽 조각을 랩의 오른쪽 모서리 끝으로 향하도록 접어주자. 그다음엔 랩의 아랫부분 오른쪽 조각을 랩의 왼쪽 모서리 끝으로 향하도록 접는다. 이런 식으로 남은 조각도 번갈아가며 속이 전부 둘러싸질 때까지 접어준다. 그리고 그 위에 약간의 감미료를 뿌린다.

베이킹 트레이에 저칼로리 쿠킹 스프레이를 뿌린 다음 속을 채운 랩을 올려놓고 오븐에서 10분 또는 노릇노릇해질 때까지 구워준다. 오븐에서 꺼내 따뜻한 채로 즐기자.

Tip

오븐에 넣기 전에 사과 스트루델 재료를 냉동해두었다가 나중에 평소처럼 굽기 전 해동해서 써도 된다.

3단계

4단계

피나 콜라다 라이스 푸딩

PINA COLADA BAKED RICE PUDDING

🕐 **5분** | 🗑 **1시간 45분** | 🔥 **298칼로리** 1회 제공량

이 레시피의 재료 조합은 코코넛 맛과 파인애플 맛이 서로 천생연분이란 사실을 깨닫기 전까지 얼핏 기묘해 보일 수 있다. 게다가 이 따뜻한 라이스 푸딩은 칼로리가 낮다는 사실만으로도 우리를 깜짝 놀라게 할 것이다. 정말 크리미하고 근사한 이 푸딩은 우리가 슬리밍 푸드 식단을 따라가려 할 때 한 번쯤 꿈꿔볼 만한 요리다.

--- | 특별한 날 | ---

2인용

- 저칼로리 쿠킹 스프레이
- 리소토 쌀 100g
- 굵은 입자의 감미료 2티스푼
- 코코넛 밀크(또는 기타 대체 유제품) 600ml
- 파인애플 100g(깍둑썰기해둔 것)
- 라임 1개(껍질을 갈아둔 것)

오븐을 180도(팬 섭씨 160도/ 가스 마크 4)로 예열하고 15cm의 오븐용 접시에 저칼로리 쿠킹 스프레이를 뿌린다.

오븐용 접시에 라이스, 감미료, 코코넛 밀크를 넣고 감미료가 녹을 때까지 잘 저어주자. 접시를 호일로 덮은 후 오븐에서 1시간 45분간 조리한다.

깍둑썰기해둔 파인애플을 갈아둔 라임 껍질과 함께 볼에 넣고 섞어준다.

조리가 완료된 푸딩을 오븐에서 꺼내자. (이때 푸딩을 식힌 후 다른 날 다시 데워 쓰기 위해 냉동해둘 수도 있다.)

준비가 되면 숟가락으로 푸딩을 두 개의 그릇에 퍼 담고 위에 파인애플을 얹어 내놓자.

Tip
좀 더 특별한 푸딩을 원할 경우 파인애플 위에 럼주 한 방울을 뿌려보자.

Bakewell Tarts

OMG these are ACE

베이크웰 타르트는 정말이지 최고다! 게일

"

스티키 토피 푸딩은
슈퍼마켓 푸딩보다 훨씬 근사하다!
맛깔스럽다!

로라

초콜릿 에클레어는 모두에게
인기 만점이었다. 열세 살배기 내 아이는
가게에서 산 것보다 맛있단다!

도나

찾아보기

감사의 말

_____

책을 쓰는 일은 우리가 상상했던 것보다 어려운 일이다. 그동안 수많은 뛰어난 분들의 도움이 없었다면 불가능했을 것이다. 소셜 미디어 팔로워들과 우리의 레시피를 만들어가는 모든 분에게 제일 먼저 감사의 말을 전하고 싶다. 이분들이 없었더라면 이 책의 탄생은 불가능했을 것이다. 『핀치 오브 넘』이 출간되기까지 수많은 분들의 도움이 있었다는 사실에 큰 자부심을 느낀다.

이 책이 세상에 나오기까지 힘써준 캐롤과 마사 등 블루버드 출판사 팀원들에게도 감사를 전한다. 이 책이 탄생하는 과정을 지켜보는 건 재미있고, 흥미진진하고, 놀라운 여정이었다. 훌륭한 사진들을 찍어준 마이크와 사진들이 근사한 요리로 보이도록 해준 케이트에게도 감사를 표한다. 이 과정에서 물심양면으로 도움을 아끼지 않은 플로시와 멋진 디자인을 해준 에마에게도 감사의 마음을 전한다.

친구들과 가족들에게도 고마움을 표한다. 특히 이 일에 수많은 시간을 쓰고 온갖 궂은일을 감당해준 로라, 에마, 리사는 물론 메도우즈, 제니, 빈스에게 감사를 표한다. '핀치 오브 넘' 커뮤니티 활동이 순조롭게 진행될 뿐 아니라 계속해서 제 기능을 발휘할 수 있도록 도와준 모든 분에게 고마운 마음을 전하며, 함께 일하게 된 것을 진정으로 자랑스럽게 생각한다. 우리의 페이스북 그룹을 잘 돌봐온 재키, 테레사, 트레이시, 에마 B, 셰릴, 리틀 로라, 질, 미셸, 셸리, 레베카를 비롯해 페이스북 그룹에 속한 모두에게도 감사의 말을 전하고 싶다. '핀치 오브 넘'이 개설되고 첫날부터 저마다 자신의 이야기, 생각, 아이디어는 물론 재창출한 요리 사진과 성공담을 공유하는 방식으로 아낌없는 신뢰를 보내왔으며, 이 모든 지원에 힘입어 마침내 책이 세상에 나올 수 있었다.

이 모든 레시피에 대해 정성 어린 피드백과 제안을 주고 '핀치 오브 넘' 프로젝트에 아낌없는 지원과 시간을 할애해준 훌륭한 시식단에게도 진심으로 감사를 표한다. 그 밖에 우리에게 필요한 모든 사항을 가르쳐준 보리스, 디마, 리오와 처음부터 우리를 신뢰해준 에이전트 클레어에게도 고마움을 표한다. 아울러 수, 파울라, 조에게도 감사의 마음을 전한다. 이분들의 영감이 없었다면 지금의 성과는 절대 이룰 수 없었을 것이다.

그리고 마지막으로, 주방을 개방해 이 모든 레시피를 만들 수 있도록 물심양면으로 지원해준 캐스와 폴에게 커다란 감사의 마음을 전한다.

케이트 앨린슨KATE ALLINSON**, 케이 페더스톤**KAY FEATHERSTONE

'핀치 오브 넘Pinch of Nom', www.pinchofnom.com 설립자. 케이트 앨린슨과 케이 페더스톤은 영국 위럴 지역에서 레스토랑을 공동으로 운영하고 있으며 케이트가 레스토랑의 헤드 셰프로 일하고 있다. 이들은 많은 사람들에게 요리법을 가르쳐주기 위해 공동으로 '핀치 오브 넘' 블로그를 개설한 후 건강한 요리 및 슬리밍 푸드 레시피를 공유하기 시작했다. 현재 '핀치 오브 넘'은 150만 이상의 열정적인 팔로워가 참여하는, 영국에서 가장 많은 방문객을 보유한 요리 블로그로 자리매김하고 있다.

감수자의 말

요리. 우리가 살아가는 데, 또 건강한 삶을 유지하는 데 꼭 필요한 부분이자 과제.

많은 분들이 요리에 관심은 있지만 직접 만드는 것은 귀찮아하고 어려워합니다. 스스로 만들어 먹기보다는 누군가 만들어주기를 바라고, 마트의 1인용 반조리 식품만 선호하고, 홈메이드보다 패스트푸드를 찾지요. 그런 만큼 하루하루 바쁜 시간을 살고 있는 현대인들에게 요리는 생각보다 큰 벽으로 다가옵니다.

그래서 어쩌면 많은 분들에게 정통 요리책은 그저 그림책처럼 바라보게만 할 뿐 실제 요리에는 도움되지 않는 '대략난감' 그 자체일지도 모르겠다는 생각이 들곤 해요.

쿡방이나 맛집 따라잡기, 맛집 뿌시기 등 최근 몇 년간 불어온 먹방 바람으로 다양한 요리에 대한 관심이 높아지고 스타셰프들의 요리에 이목이 끌리면서도 한편으로는 5분 간단 요리책과 같은 쉬운 요리책에 눈길이 갑니다. 요리가 쉬워지길 바라는 마음 때문이겠지요.

할머니, 엄마, 혹은 동료나 친구가 만들어준 음식을 맛있게 먹었던 기억이 누구에게나 한 번쯤은 있을 거예요. 나도 그렇게 요리를 잘해봤으면, 그런 깊은 맛으로 누군가에게 감동을 줄 수 있다면, 하는 생각도 해봤을 거고요.

아마도 이 책은, 사랑하는 사람들의 마음과 미각을 모두 충족시켜주는 요리책으로 자리매김할 듯합니다. 자신의 가족이나 사랑하는 그 누군가와 함께 맛있는 음식을 나누며 행복한 추억을 만들어보고자 했던 두 영국 블로거의 마음이 담겨 있는 레시피이기 때문이지요.

책을 보고 제일 먼저 느낀 점은 '앗, 이렇게까지 쉬워도 되나?'였습니다. 다양한 육수로 기본 간을 내고, 향신료로 맛을 맞추는 등 과정이 복잡한 서양 요리들이 간단해졌습니다. 기름지다거나 다소 느끼하게 여겨질 수 있는 서양 음식들이 칼로리를 내리고 대체 저염식과 저지방 재료들을 사용함으로써 담백하고 깔끔해졌습니다. 동양인의 입맛에도 잘 맞는 맛있는 메뉴들이 우리에게 반갑게 인사를 건네는 책이란 생각이 들었습니다.

몇 년 전 모 예능 프로그램에 출연하여 "디저트는 어렵지 않아요." "브런치 메뉴도 어렵지 않아요." 이렇게 얘기했던 기억이 떠오릅니다. 유명 셰프님들의 등장에도 제가 사랑을 받았던 이유는, 마치 동네 누나가 알려주듯 친근하고 쉬운 방법으로 레시피를 전해서이지 않았을까요.

쉬워졌습니다. 그렇다고 메뉴들이 촌스럽지 않아요. 어디서든 자랑스럽게 내놓고 또 칭찬받을 만한 레시피, 영국을 비롯한 유럽 전역 그리고 북미주의 식도락가들을 사랑에 빠지게 한 건강하고 쉬운 레시피들이 드디어 한국에 찾아왔습니다.

우리 모두의 저녁이 요리로 즐거워지길 바랍니다. 맛있는 음식과 함께 피어나는 웃음은, 그 어떤 유머나 개그보다 진솔하고 행복하기에.

유민주

글래머러스 펭귄 오너 셰프이자 유머러스 캥거루 대표이며 공공빌라 대표. 프랑스 요리학교 르 꼬르동 블루Le Cordon Bleu에서 제과 과정을 수료(Diplôme de Pâtisserie)하였으며 알랭 뒤카스Alain Ducasse 프랑스 요리학교 알룸나이 홍보대사로 활동하고 있다. KBS 〈도전! 미라클 레시피〉, 〈슈퍼맨이 돌아왔다〉, 〈그녀들의 여유만만〉, MBC 〈마이 리틀 텔레비전〉, SBS 〈백종원의 미스터리 키친〉, 〈싱글와이프〉, OliveTV 〈다 해 먹는 요리학교: 오늘 뭐 먹지〉 등 다수의 요리 소개 프로그램에 출연하였으며 현재 푸드TV 〈유민주의 친구네 식탁〉 진행을 맡고 있다. 펴낸 책으로는 『아메리칸 케이크』, 『디저트 노트』가 있다.

김진희 옮김

연세대학교에서 경영학 석사학위를 받고 UBC 경영대에서 MBA 본 과정을 수학했다. 홍보 컨설팅사에 재직하면서 지난 10여 년간 삼성전자, 한국 P&G, 한국 HP 등의 글로벌 브랜드 뉴미디어 광고 및 홍보 컨설팅을 수행했다. 편집자와 출판 기획자로 활동하고 있으며 개인 브랜딩, 광고, 홍보, 미디어, 대중문화 분야에서 글을 쓰고 있다. 주요 역서로는『별난 분홍색 부채』,『기묘한 꽃다발』,『사라진 후작』,『착한 엄마가 애들을 망친다고요?』,『크러싱 잇! SNS로 부자가 된 사람들』,『내 시간 우선 생활습관』,『진흙, 물, 벽돌』,『프로젝트 세미콜론』,『구름사다리를 타는 사나이』,『이것이 경영이다』,『4차 산업혁명의 충격』,『왓츠 더 퓨처』,『IoT 이노베이션』 등이 있다.

핀차 오브 넘 - 맛있게 한입, 냠냠냠

초판 1쇄 발행 · 2019년 10월 10일

지은이 · 케이트 앨린슨, 케이 페더스톤
옮긴이 · 김진희
감수 · 유민주
펴낸이 · 김요안
편집 · 강희진

펴낸곳 · 북레시피
주소 · 서울시 마포구 신수로 59-1
전화 · 02-716-1228
팩스 · 02-6442-9684
이메일 · bookrecipe2015@naver.com | esop98@hanmail.net
홈페이지 · www.bookrecipe.co.kr | https://bookrecipe.modoo.at/
등록 · 2015년 4월 24일(제2015-000141호)
창립 · 2015년 9월 9일

ISBN 979-11-88140-94-7 13590

종이 · 화인페이퍼 | 인쇄 · 삼신문화사 | 후가공 · 금성LSM | 제본 · 신안제책

이 도서의 국립중앙도서관 출판예정도서목록(CIP)은 서지정보유통지원시스템 홈페이지(http://seoji.nl.go.kr)와 국가자료 공동목록시스템(http://www.nl.go.kr/kolisnet)에서 이용하실 수 있습니다. (CIP제어번호: CIP2019037769)